北疆博物院手绘植物图录

| 天津自然博物馆◎编 |

科学出版社
北京

图书在版编目（CIP）数据

北疆博物院手绘植物图录 / 天津自然博物馆编. —北京：科学出版社，2018.10
ISBN 978-7-03-059011-4

Ⅰ.①北… Ⅱ.①天… Ⅲ.①植物－图录 Ⅳ.①Q94-64

中国版本图书馆CIP数据核字(2018)第227046号

责任编辑：李　茜 / 责任校对：邹慧卿
责任印制：肖　兴 / 书籍设计：北京美光设计制版有限公司

科学出版社 出版
北京东黄城根北街16号
邮政编码：100717
http://www.sciencep.com

北京华联印刷有限公司 印刷
科学出版社发行　各地新华书店经销

*

2018年10月第　一　版　　开本：889 × 1194　1/16
2023年 7 月第二次印刷　　印张：12 3/4
字数：172 000

定价：228.00元

前言

北疆博物院由法国神甫、著名博物学家桑志华（Paul Emile Licent，1876–1952）1914 年创建，是我国北方最早建立的自然科学博物馆，也是中国大陆唯一一所跨越百年时光依然矗立至今的博物馆，上世纪初享有“世界第一流博物馆”之美誉。

作为天津自然博物馆的前身，北疆博物院不仅留下了 20 多万件各类标本，还留下了大量珍贵的手绘地图及绘画，植物科学画就是其中的重要代表。

北疆植物科学画是天津自然博物馆的专业人员在整理原北疆植物标本过程中发现的，共计 191 张，绘画时间约为二十世纪二、三十年代。据猜测，这些画作的作者应该是当年在北疆博物院工作的植物研究人员。

通过对科学画上记录的信息进行初步考证发现，这些画包含了藻类植物、裸子植物、被子植物等 47 科 100 余种。其中既有当时中国北方人工栽培的蔬菜、水果、花卉，也有野生植物，还特别对河北深县（今河北衡水深州市）的多个桃品种以及当地分布的其他植物做了科学记录。很多画不仅标注了植物拉丁名（部分已成为异名）和中名，还标注有当地俗名，且以拼音注明汉字读法。科学画上还对其中部分植物的花、果实、种子等器官绘制解剖图，并配以描述。这些形态特征展示方式是普通艺术绘画、彩色摄影甚至真实的植物标本都很难做到的，可见作者严谨细致的研究态度。这些植物科学画色彩逼真、绘图精美，具有很高的科学研究和艺术欣赏价值。

我们根据画上的拉丁名和植物特征进行了校对，更新了部分拉丁名和中名。对于原图中没有标注名称的植物尽量给出科名或属名，并标出每件藏品号，以便读者进一步查阅。因为时间仓促，疏漏之处在所难免，我们仍然希望能将这些封存已久的科学画作品出版，让更多人阅览欣赏，获得知识和美的熏陶。

目 录

葫芦科

菊科

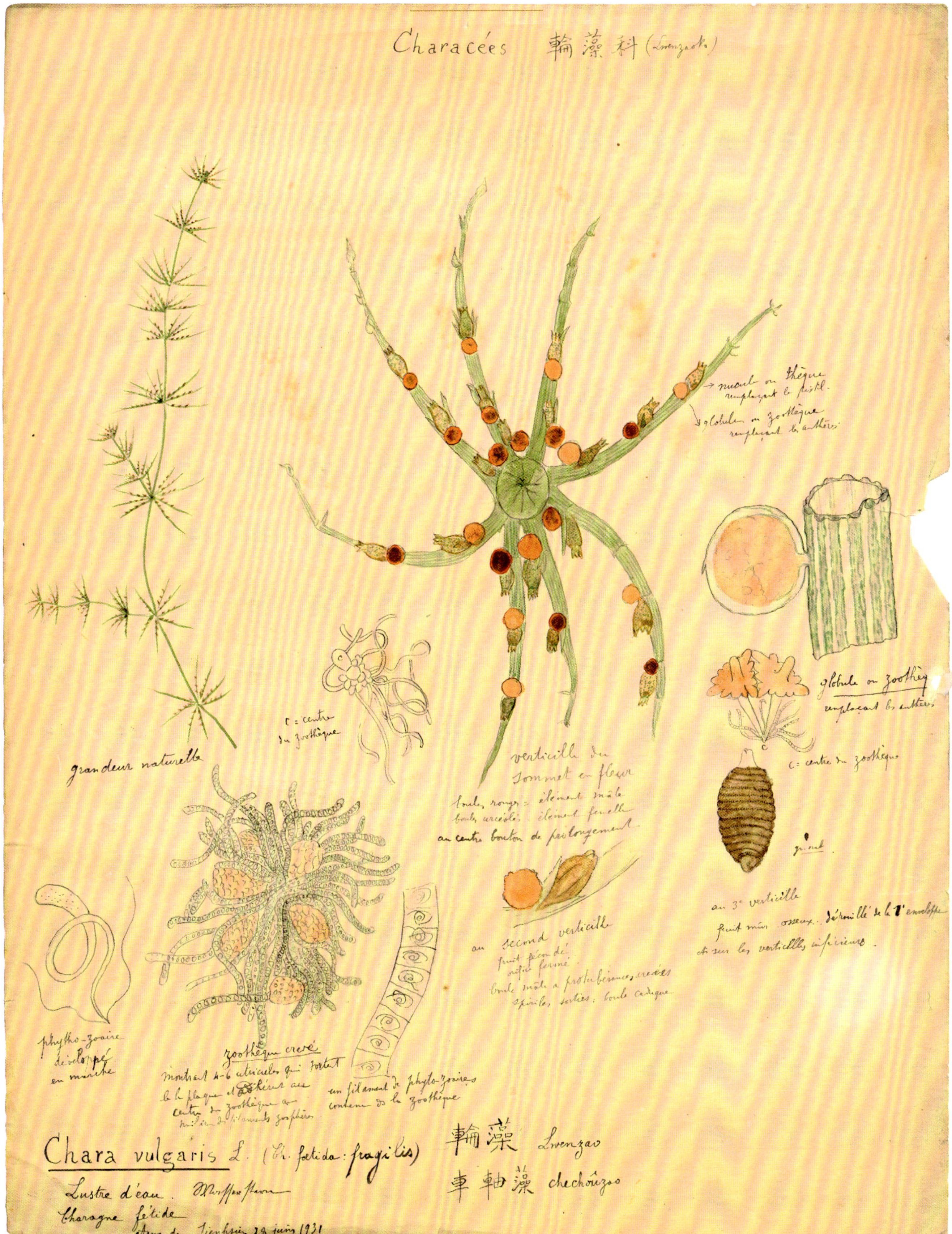
Characées 輪藻科
grandeur naturelle
globule ou zoothèque remplaçant les anthères
c = centre du zoothèque
verticille du sommet en fleur
au second verticille
au 3e verticille
zoothèque crevé
Chara vulgaris L.
輪藻 Lwenzao
車軸藻 chechóuzao
Lustre d'eau
Charagne fétide
Tienhsin 28 juin 1931

THW0280 *Chara vulgaris* 轮藻

Gnétacées 麻黄科 (Mâhwang ko)
sujet femelle
Ephedra vulgaris var. helvetica ♀
麻黄 (mâhwang) vulgo 麻松 Mâsung
龍沙 longsha
卑相 bisiang
卑鹽 biyen
(plante printanière)

THW0260 *Ephedra* sp. 麻黄

fleur mâle
fleur femelle
écaille vue de haut montrant les 3 étamines pendantes
écaille vue de bas : 3 étamines en fente
écaille vue de bas sous les étam. montrant leur point d'attache
écaille vue de profil
pollen
Thuia orientalis (var chinensis) L. 側柏 zĕbĕ

THW0261 *Platycladus orientalis* 侧柏

Cannabis sativa ♂ L 大麻 dah má
深縣名：小麻
15 août 1931

THW0258 *Cannabis sativa* 大麻（雄株）

Cannabis sativa 大麻 Dah mâ ♀
深縣名 小麻 siao mâ

THW0257 *Cannabis sativa* 大麻（雌株）

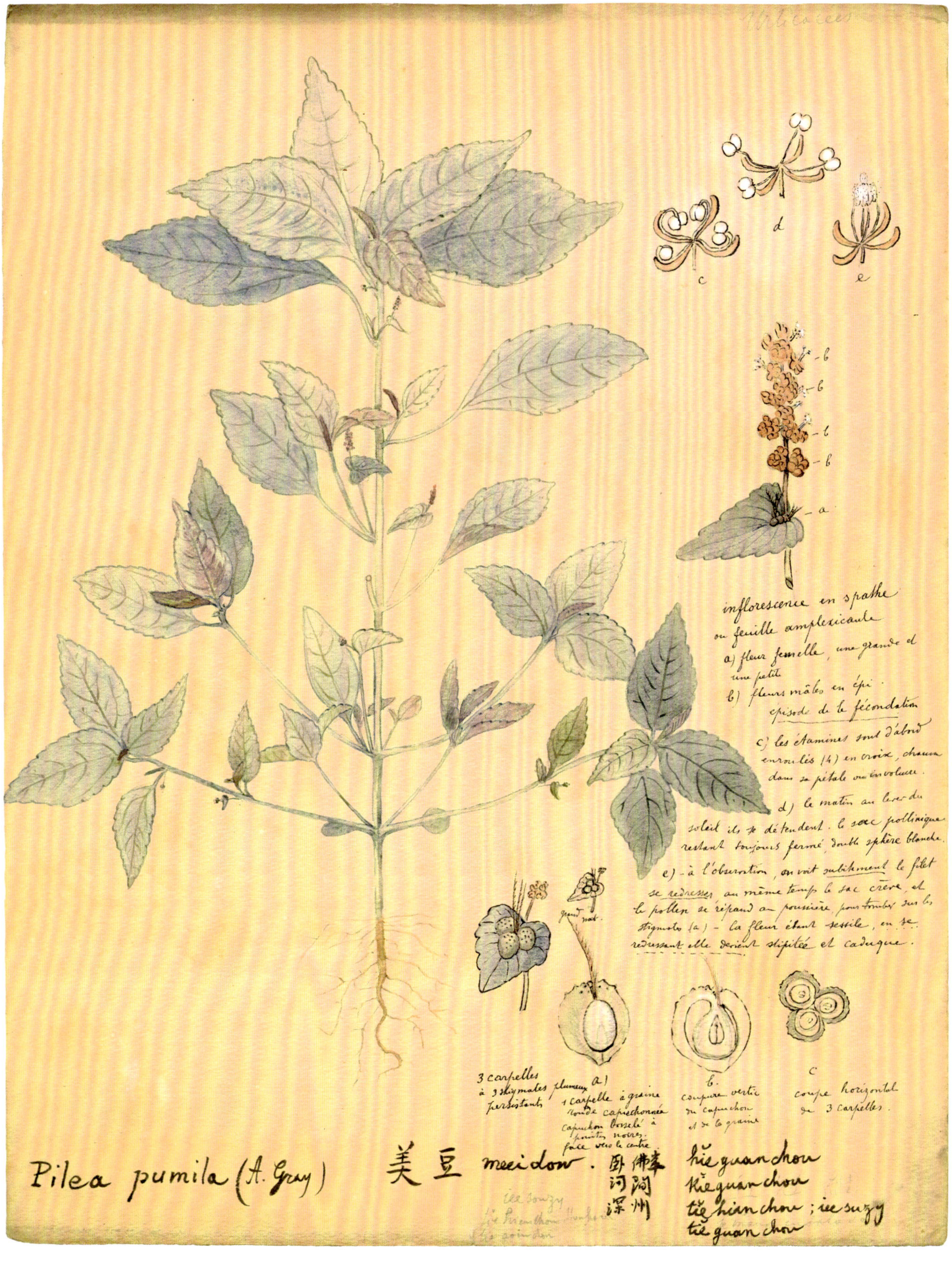

inflorescence en spathe
ou feuille amplexicaule
a) fleur femelle, une grande et une petite
b) fleurs mâles en épi.
épisode de la fécondation
c) les étamines sont d'abord enroulées (4) en croix, chacune dans sa pétale ou involucre.
d) le matin au lever du soleil ils se détendent. le sac pollinique restant toujours fermé, double sphère blanche.
e) à l'observation, on voit subitement le filet se redresser au même temps le sac crève, et le pollen se répand en poussière pour tomber sur les stigmates (a) – la fleur étant sessile, en se redressant elle devient stipitée et caduque.
3 carpelles à 3 stigmates plumeux persistants
a) 1 carpelle à graine ronde capuchonnée
b. coupure verticale du capuchon et de la graine
c coupe horizontale de 3 carpelles.
Pilea pumila (A. Gray)
美豆 meidow.
hie guan chou
tie guan chou

THW0259 *Pilea pumila* 透茎冷水花

THW0249 *Muehlenbeckia platyclada* 竹节蓼

ligne d'attache
base d'une feuille entourant parfaitement la tige avec pellicule - étui.
fleur hermaphrodite sans calice

THW0250 *Polygonum sibiricum* 西伯利亚蓼

萹蓄
猪牙草
剪子股
庭柳
Polygonum aviculare
fruit
fleur agrandie

THW0251 *Polygonum aviculare* 萹蓄

THW0252 *Polygonum persicaria* 春蓼

Atriplex tatarica L 濱藜
白蒺藜
binlyi
Shenhsien
15 août 1931
fleur mâle
1-5 étamines
fleur femelle
qui grossit
graine

THW0248 *Atriplex tatarica* 鞑靼滨藜

Chenopodiées
sac à pollen vide très-caduc
coupe de la fleur pour montrer l'ovaire à graine unique
KOCHIA SCOPARIA Schrad.
地膚
Herbe aux balais.

THW0245 *Kochia scoparia* 地肤

THW0244　*Kochia* sp.　地肤属一种

Lyiko 藜科 Chénopodiées
野掃帚 Yee saowdjow
鐵掃帚 Tie saowdjow
1 sept 1930

THW0246 *Kochia* sp. 地肤属一种

LYI-KO 藜科 Chenopodiacées
GIAAN-PONG-DJŮ
tribu des Suédées.
fleur hermaphr. assise sur la feuille
ici forcément ouverte pour montrer
les organes.
5 étamines
se fanant.-
corolle scarieuse, à pelure
d'ognon, ne s'ouvrant jamais.
5 pétales ... ét. superposées.
岡羊栖菜 gang yang si tsay
札蓬菜
Djapeng tsay
graine mûre 10 aout
dure comme
la corne
Salsola
(non salé)
coupe horizontale de la graine
a) écaille exterieure canelée
b.) substance cornée, provenant des sépales
c) ovaire, montrant le germe en spirale horizontale
Hokien 28 Juillet 1930

THW0243 *Salsola* sp. 猪毛菜属一种

fleur mâle grossie
雄株
Spinacea oleracea L
菠薐 bolêng
菠菜 botsay
青菜 tsing tsay
波斯草 pohsy tsáo
赤根菜 chŷ gentsay

THW0247 *Spinacia oleracea* 菠菜

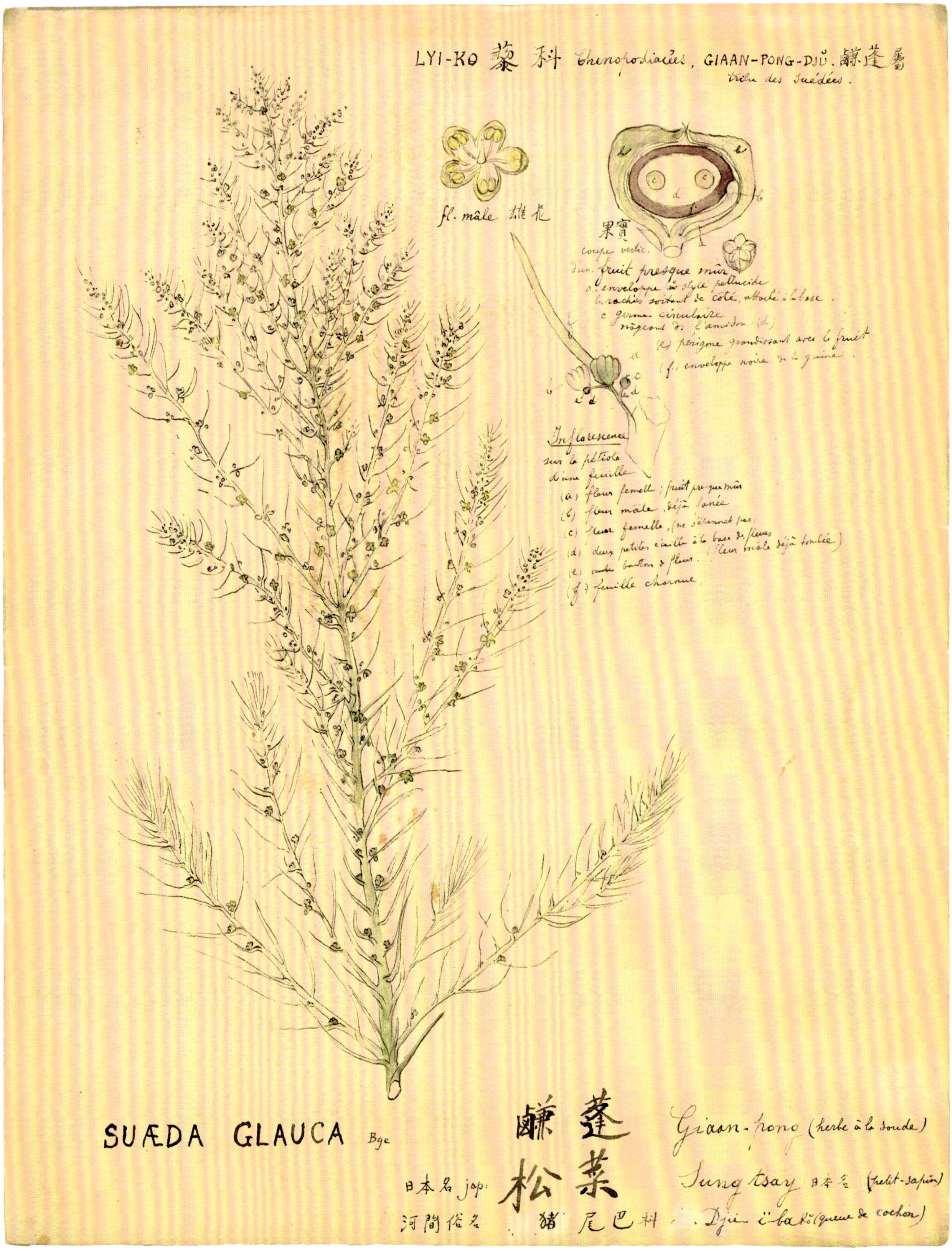

LYI-KO 藜科 Chenopodiacées, GIAAN-PONG-DJŮ. 鹻蓬屬
tribu des Suédées.
fl. mâle 雄花
果實
coupe vertic.
d'un fruit presque mûr
(e) périgone grandissant avec le fruit
(f) enveloppe noire de la graine.
Inflorescence
sur le pétiole
d'une feuille
(a) fleur femelle; fruit presque mûr
(b) fleur mâle, déjà fanée
(f) feuille charnue
SUÆDA GLAUCA Bge
鹻蓬
Giaon-pong (herbe à la soude)
日本名 jap: 松菜
Sung tsay 日本名 (petit-sapin)
河間俗名 猪尾巴科 Djü i-ba kö (queue de cochon)

THW0241 *Suaeda glauca* 碱蓬

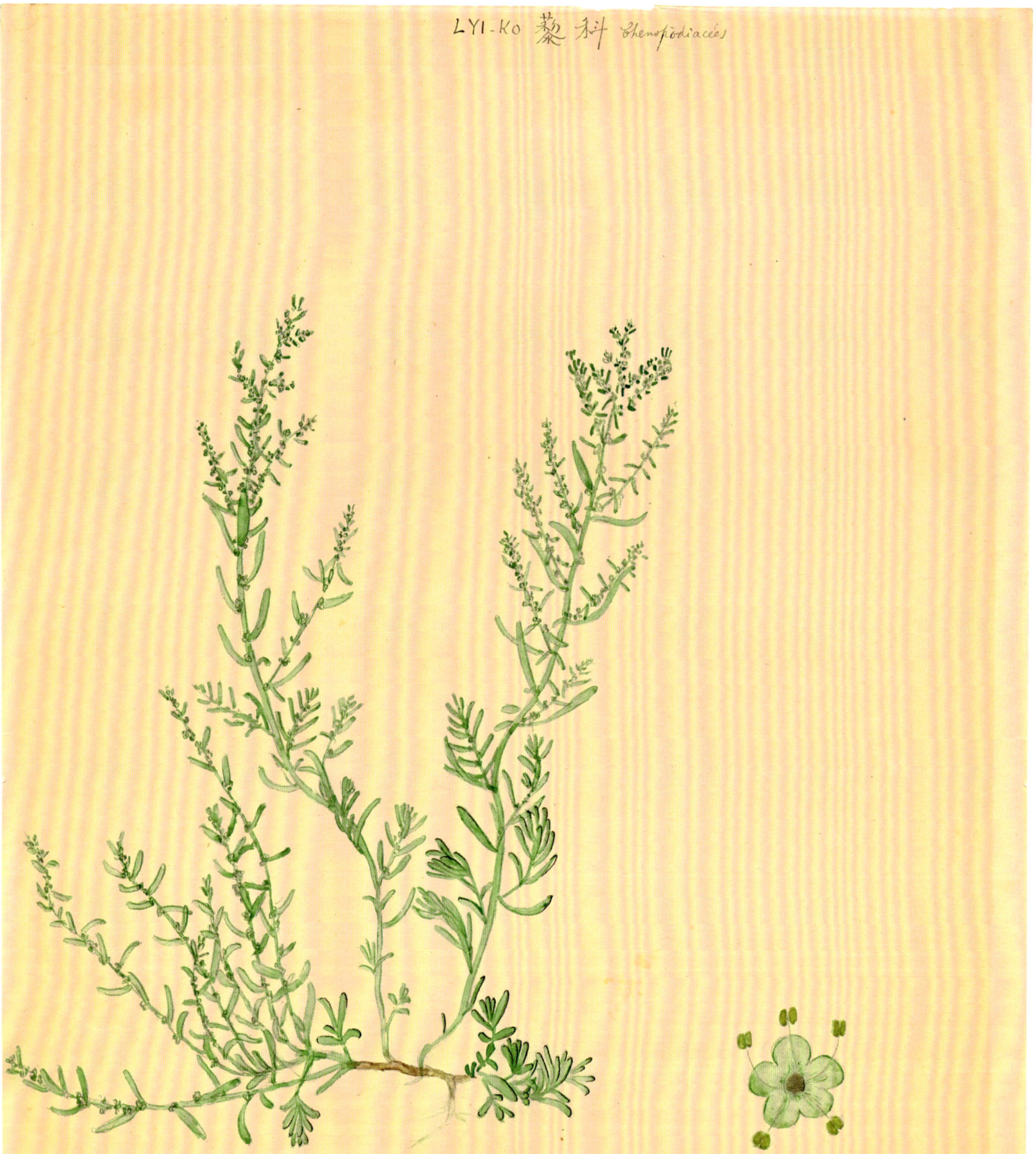
LYI-KO 藜科 Chenopodiacées
鹽蓬

THW0242 *Suaeda glauca* 碱蓬

HIANN-KO 莧科 Amaranthacées
AMARANTHUS BLITUM L. 野莧 Iee-hiann
Amaranthe sauvage
細莧 sih-hiann
豬莧 djia hiann : aimée par les cochons.
犬莧 Kiuan hiann
河間 vulge. 仁情菜 Jentsyng tsai

THW0237 *Amaranthus blitum* 凹头苋

fleurs unisexuelles
assises à l'aisselle des feuilles (en glomérules)
entre branche et base de feuille
Amaranthus blitum L 野莧 iee hiann
細莧 sih hiann
糠莧 kang hiann
豬莧
灰灰菜

THW0238 *Amaranthus blitum* 凹头苋

Amaranthus caudatus L. 老鎗穀
Laotsiang gü : millet du vieux fusil
queue de Renard

THW0236 *Amaranthus caudatus* 尾穗苋

HLANN-KO 莧科 Amaranthacées 莧屬
un épillet, montrant une fleur mâle entre deux femelles
derrière une écaille pointue
épillet sessile
fleur mâle épanouie
5 pétales scarieux
filet blanc - écaille pointue
fleur femelle jamais épanouie - 5 pétales plus petits que ceux du mâle
entre trois écailles pointues.
fruit: graine unique noir brillant aplati dans la poche de l'ovaire persistante avec les 5 sépales
graine coupée pour montrer le germe enroulé
AMARANTHUS PANICULATUS 米穀 millet du vieux fusil.
Hokien vulgo 千穗穀 Tsian suey gu - millet à 1000 épis
千粘轤穗 " à 10.000 "
NB. cette espèce est une variété à feuilles rouges: du Am. mangostanus L. 莧 qui est à feuilles vertes

THW0235 *Amaranthus cruentus* 老鸦谷

une fleur mâle entre 2 femelles
Ovule dans une poche
Amaranthus

THW0239 *Amaranthus* sp. 苋属一种

corolle ouverte.
fleur
Gomphrena globosa L
千日紅

THW0240 *Gomphrena globosa* 千日红

Mirabilis jalapa L
紫茉莉
Belle de nuit
臙脂花
狀元紅
「白粉花」

THW0233　*Mirabilis jalapa*　紫茉莉

Mesembrianthemum cordifolium 松葉菊 sung-ie-giu.
Glaciale crystallinum
ficoïde

THW0158 *Aptenia cordifolia* 露花

Mésembrianthémées
fleur à ouverture forcée
coupe verticale
coupe horizontale
Ovaire
Tetragonia expansa (Ait.)
Tetragone cornue
angl. New Zealand Spinach

THW0157 *Tetragonia tetragonoides* 番杏

Sép
pétale
2 sépales
blanches
ovaire supère
style à 3 lobes
Boussingaultia baselloides
4 sept 1931 Shenhsian

THW0234 *Anredera baselloides* 细枝落葵薯

Dianthus superbus L 瞿麥
Shenh. 青藍竹

THW0108 *Dianthus superbus* 瞿麦

étamine
à appendice
charnue sous-
pendant
gr. nat.
ovaire
sorti de son alvéole
Nelumbium speciosum
Nelumbo nucifera (Gaertn.
蓮 lyan
荷花 hŏhua
玉環
芙蕖
水芙蓉
水芝
水芸
澤芝
水旦
水華

THW0098 *Nelumbo nucifera* 莲

coupe verticale
5 pétales éperonnés
Aquilegia flabellata 樓斗菜
1 mai 1932 Shenhsien

THW0097 *Aquilegia flabellata* 耧斗菜

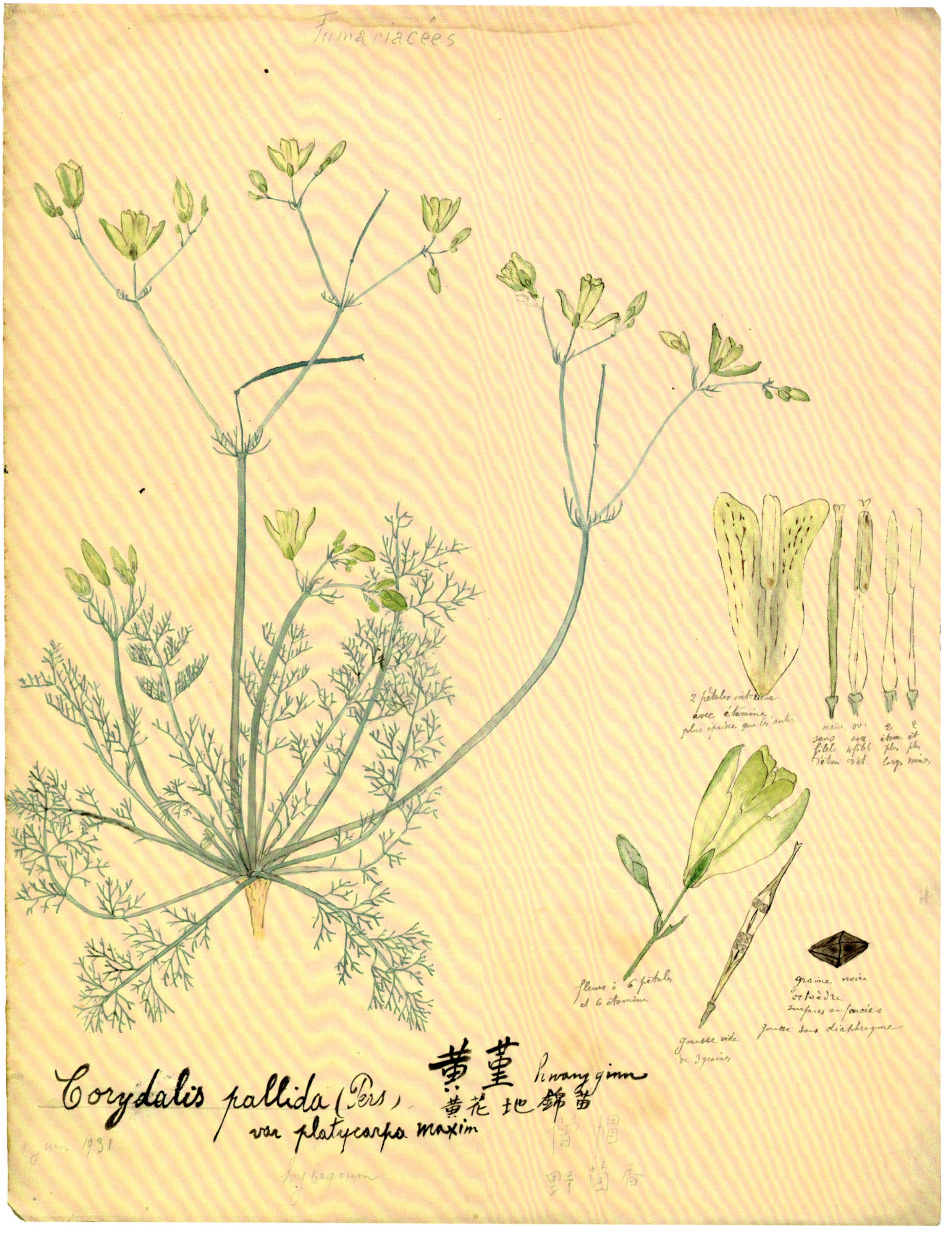

THW0099 *Corydalis pallida* 黄堇

十字科 Crucifères
15 mai gousses agrandies
pétales étamines et ovaire
branche grossie
白苦葶藶
辣辣菜 Lǎ lǎ tsay Cresson sauvage
小辣辣 Siao lǎlǎ Petit âcre.
Arabis pubicalix Miq.
Shenhsien, le 11 Avril 1931

THW0104 *Arabis* sp. 南芥属一种

十字花科 Shyzyh-hua Ko. 蕓薹屬 Yuntaidju
Crucifères
Grains
Brassica campestris L var. rapifera
Chou-colzat à navet
蕪菁 Wuzing
蔓菁疙瘩 Mannzing-gerla
蕓薹 yuntai

THW0100 *Brassica rapa* 蔓菁

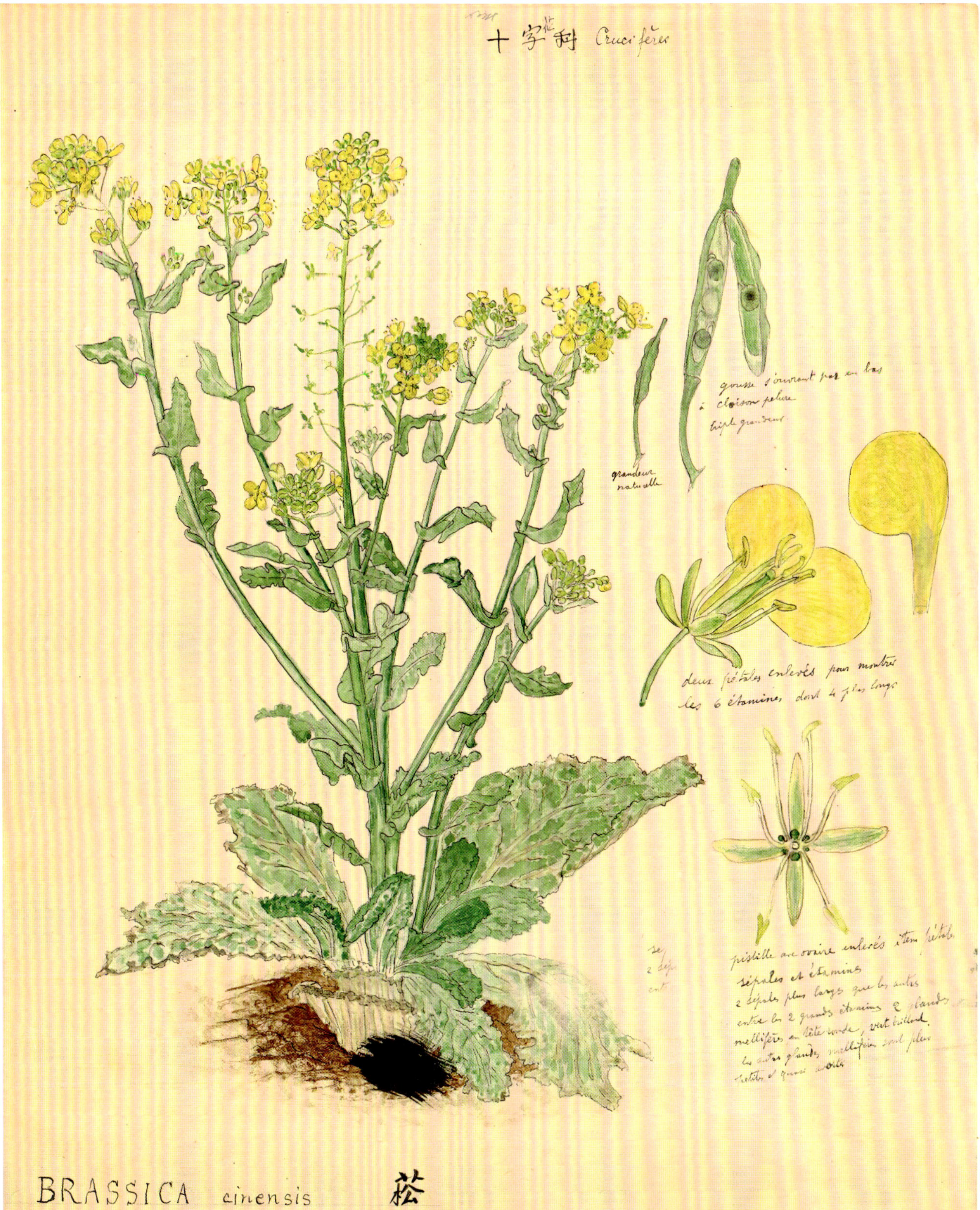
十字科 Crucifères
gousse s'ouvrant pas en bas
à cloison pelure
triple grandeur
grandeur naturelle
deux pétales enlevés pour montrer
les 6 étamines, dont 4 plus longs
sépales et étamines
2 sépales plus largs que les autres
BRASSICA cinensis
菘
白菜

THW0101 *Brassica rapa* var. *glabra* 白菜

graine grossie
graine mûre
capsule biloc.
fleur ouverte
fleur ouvert
vue de côté
Alyssum maritimum
Corbeille d'argent.
21 sept. 1931

THW0105 *Lobularia maritima* 香雪球

THW0102 *Orychophragmus violaceus* 诸葛菜

étamines
et
sépales
fruit
coupe longitudinale
de la gousse indéhiscente
Brassica napus L 白蘿蔔
白萊蔔
ressemble au
Navet des Vertus: Marteau
(箭竿白

THW0103 *Raphanus sativus* 萝卜

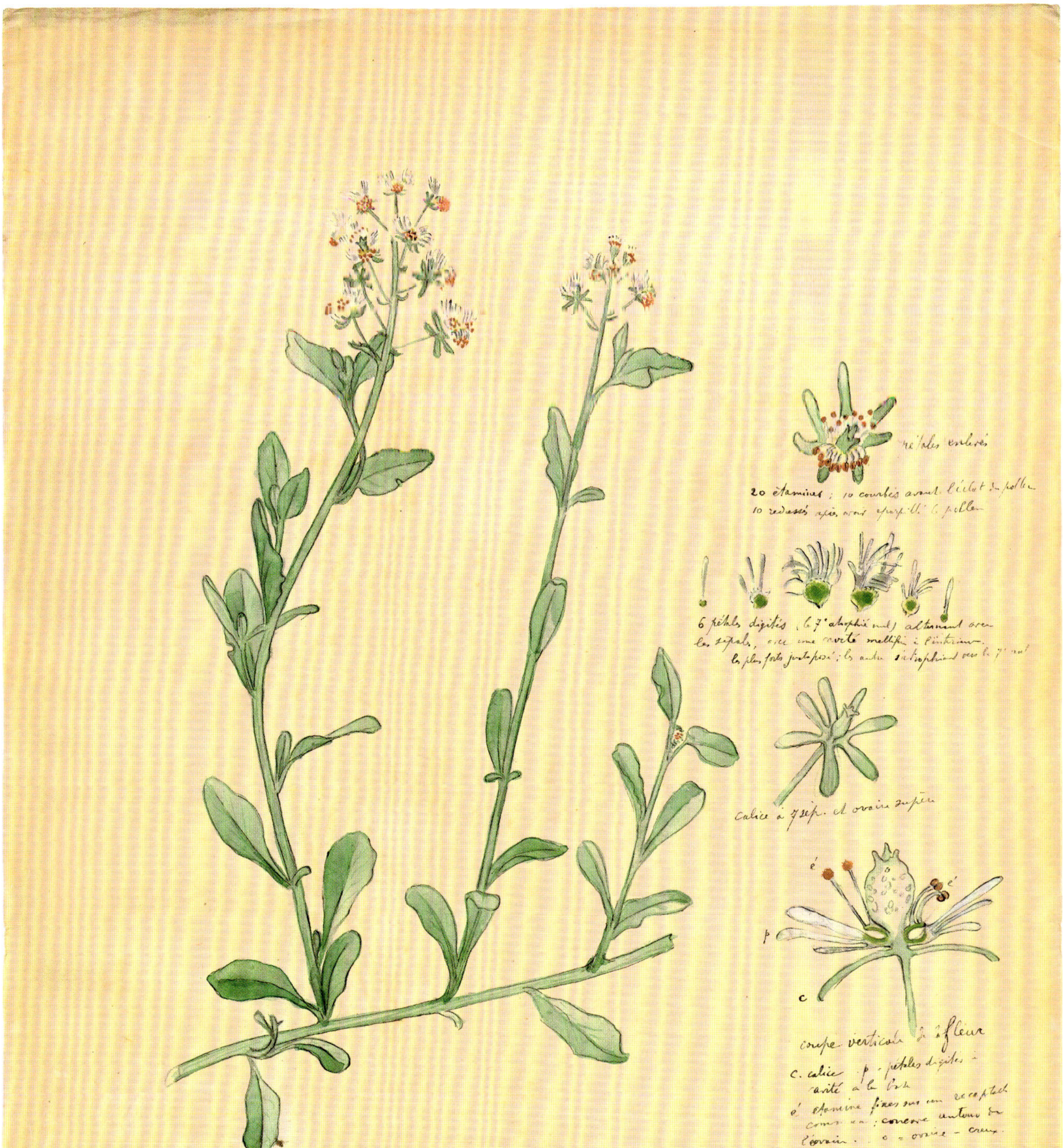

THW0106 *Reseda odorata* 木犀草

Pittosporées 海桐花科
lobe de l'ovaire vu de l'intérieur
ovaire coupé horizontalement
fleur régulière ovaire trilobé
Pittosporum chinense syn P. tobira 海桐花
3 juillet 1931

THW0107 *Pittosporum tobira* 海桐花

薔薇科 Tsyangweiko (Rosacées)
Prunus persica (S. & Z.) var. vulgaris (Maxim.) 桃

THW0137 *Amygdalus persica* 桃

Prunus persica
吊枝白
diaw djy-bě
13 juil 1931

THW0138 *Amygdalus persica* 桃

Prunus persica 桃
頭夏變甘
toûhiah biann-gan
22 juillet 1931

THW0139 *Amygdalus persica* 桃

THW0140 *Amygdalus persica* 桃

薔薇科 (Rosacées)
coupe verticale du fruit
base du fruit
sommet du fruit
noyau stratifié tout l'hiver en chambre à 18°C.
a germé dès le 1er mars:
cassure montrant bien le hile à h.
PRUNUS PERSICA var.
燒餅桃
Sienhsien Shwangt'an (fin juillet 1930)

THW0141 *Amygdalus persica* 桃

cavité rouge
aigre-doux
se détache facilement
酸子

THW0142 *Amygdalus persica* 桃

vert-jaunâtre
chaire blanche, solide comme du lard
parfumée, arrière-goût un peu amer
adhérente au noyau
水底紅 ?
18 août 1931 深縣

THW0143 *Amygdalus persica* 桃

THW0144 *Amygdalus persica* 桃

深州 蜜桃 mĭtaû
25 août 1931 Shenhsien

THW0145 *Amygdalus persica* 桃

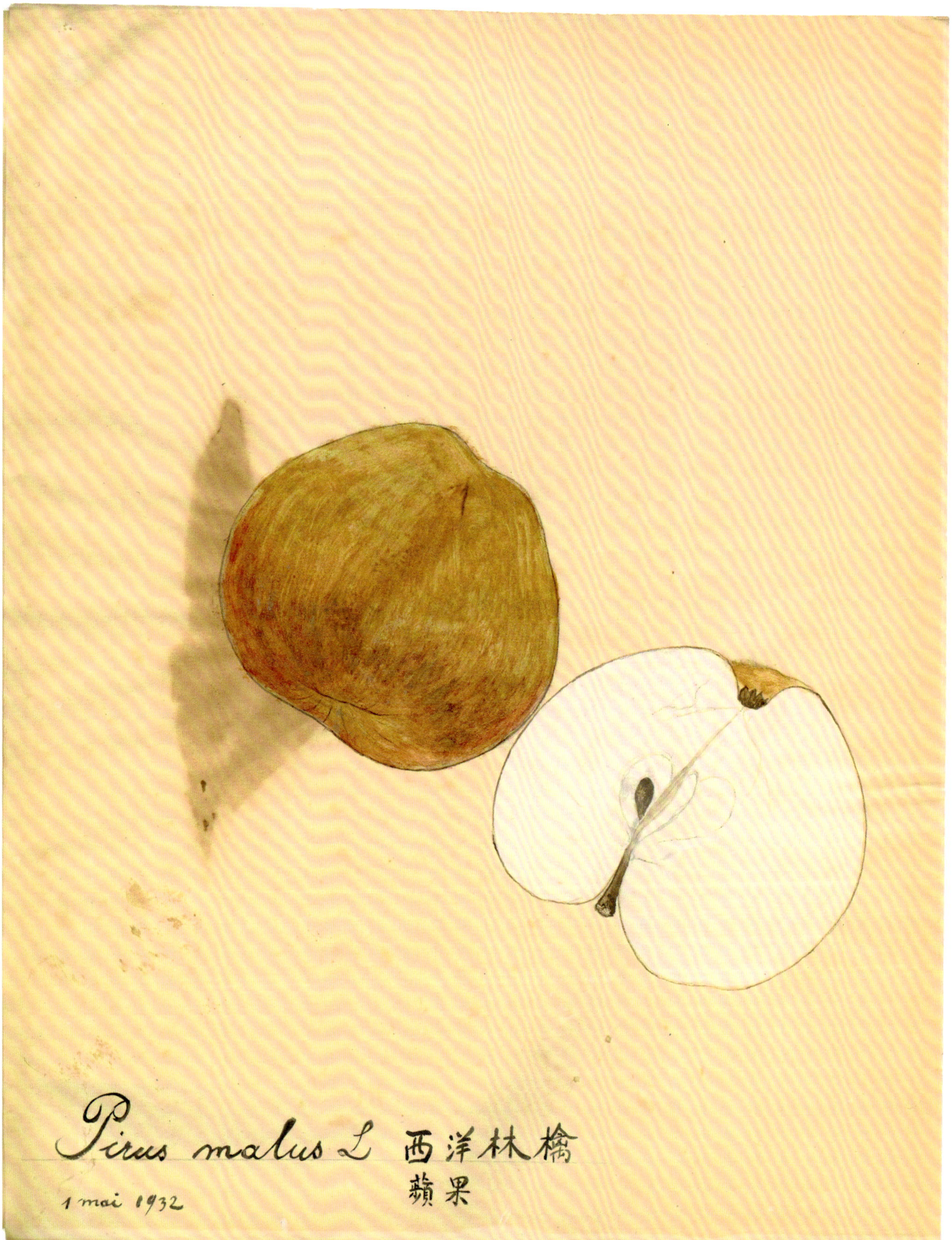
Pirus malus L 西洋林檎
蘋果
1 mai 1932

THW0147 *Malus pumila* 苹果

蔷薇科 Tsyangweiko (Rosacées
Pirus spectabilis (Ait)
海棠 haetang

THW0146 *Malus spectabilis* 海棠

Rosa centifolia L 西洋薔薇
Si-yang-tsyang-wei
20 juil. 1930 (seconde floraison)

THW0132 *Rosa centifolia* 百叶蔷薇

薔薇科 tsyang wei ko. (Rosacées)
Coupe verticale de la fleur.
Rosa indica L
Rosa bengalensis
Rose de Bengale var. rose pâle
10 mai 1931
月季花
Yüe gih hua
月月紅
勝春
瘦客
鬪雪紅
長春花
四季花

THW0134 *Rosa chinensis* var. *semperflorens* 紫月季花

蔷薇科 (Rosacées)
Rosa bengalensis
月季花
Rose de Bengale (ordinaire)
10 mai 1931

THW0135 *Rosa chinensis* var. *semperflorens* 紫月季花

薔薇科
Rosa multiflora
var platyphylla
十姊妹
七姊妹
黄姊妹

THW0133 *Rosa multiflora* 多花蔷薇

薔薇科 tsyangweiko
Rosa rugosa (Thunb.)
玫瑰。 mêiguei
徘徊花。 paihuai hua

THW0136 *Rosa rugosa* 玫瑰

Rosacées
Spiræa sorbifolia
Sorbaria assurgens.-
capsule

THW0148 *Sorbaria sorbifolia* 珍珠梅

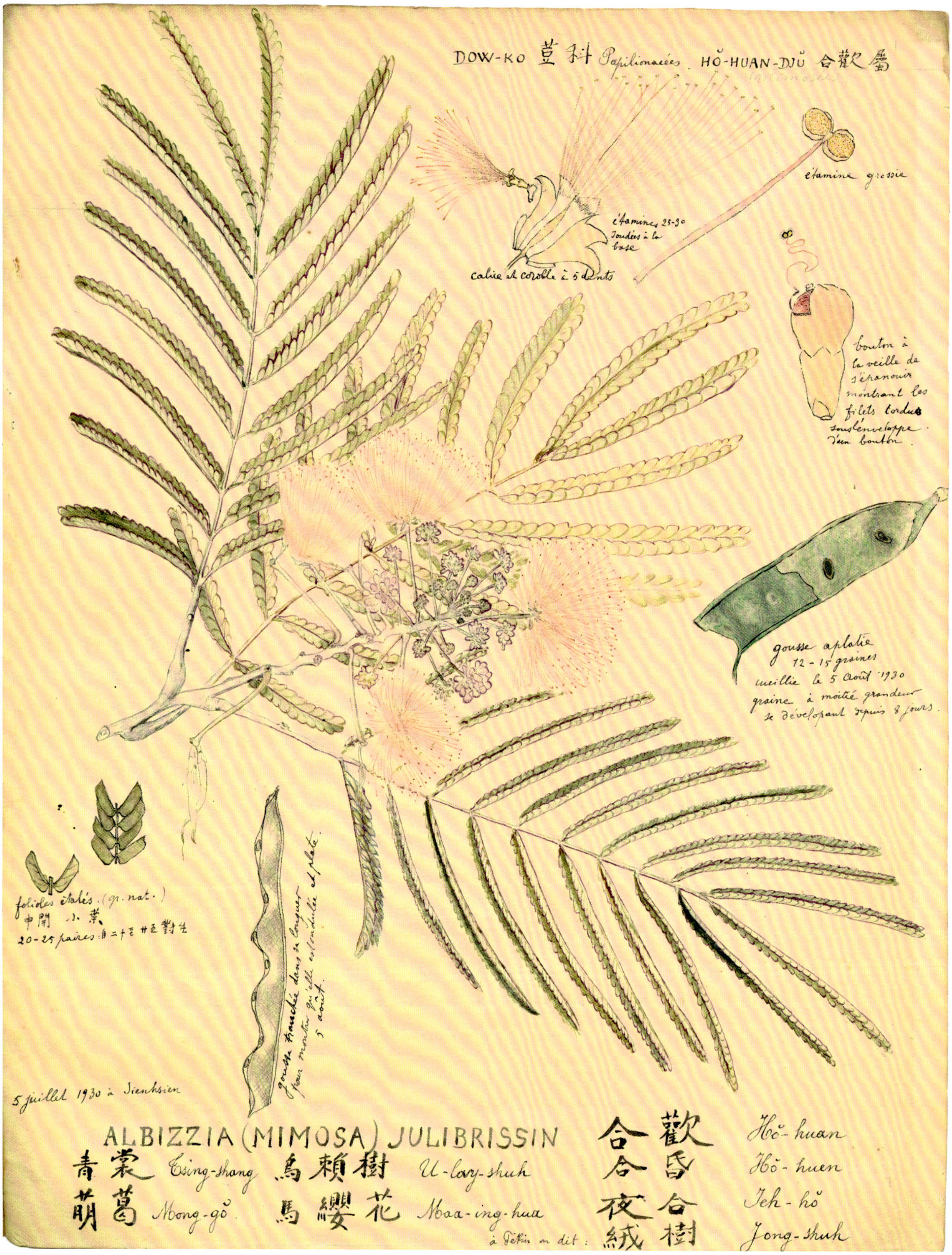

DOW-KO 荳科 Papilionacées. HŎ-HUAN-DJŬ 合歡屬
étamine grossie
étamines 25-30 soudées à la base
calice et corolle à 5 dents
bouton à la veille de s'épanouir montrant les filets tordus sous l'enveloppe d'un bouton.
gousse aplatie 12-15 graines cueillie le 5 Août 1930 graine à moitié grandeur se développant depuis 8 jours.
folioles étalés (gr. nat.)
中間 小葉
20-25 paires
5 juillet 1930 à Sienhsien
ALBIZZIA (MIMOSA) JULIBRISSIN
合歡 Hŏ-huan
青裳 Tsing-shang
烏賴樹 U-lay-shuh
合昏 Hŏ-huen
萌葛 Mong-gŏ
馬纓花 Maa-ing-hua
夜合 Yeh-hŏ
à Pékin on dit: 絨樹 Jong-shuh

THW0128 *Albizia julibrissin* 合欢

Papilionacées : trib. Césalpinées
豆科 Dow Ko
gousse aplatie gr. nat
graine aplatie gr. nat
Gleditschia inermis arbre femelle (épineux
15 juin 1931 Sienhien (jardin)

THW0126 *Gleditsia sinensis* 皂荚

Papilionacées tribu Césalpiniées 豆科 Dou K.
Gleditschia inermis. (arbre mâle) ..., pleureur
originaire du Sud des États-Unis (variété par semis du G. triacanthos ?!)
25 juin 1931
Sien hsien jardin

THW0127 *Gleditsia sinensis* 皂荚

Calice
petite gousse au fond du calice
10 étamines et pistil

THW0129 *Lespedeza* sp. 胡枝子属一种

Papilionacées 豆科 Douko
Melilotus officinalis, major Desr.
香草 hiangtsao
墨里老篤
mai 1931

THW0131 *Melilotus officinalis* 草木犀

豆科 Dowko Papilionacés
Robinia pseudo-accacia L
洋槐樹
Robinier
刺槐

THW0124 *Robinia pseudoacacia* 刺槐

Papilionacées 豆科 Dowko
graine dans un tégumen spongieux
fin mai 1931
Sophora vicifolia
老鸹爪

THW0123 *Sophora davidii* 白刺花

Calice
Calice
Sophora japonica . L.
槐

THW0122 *Sophora japonica* 槐

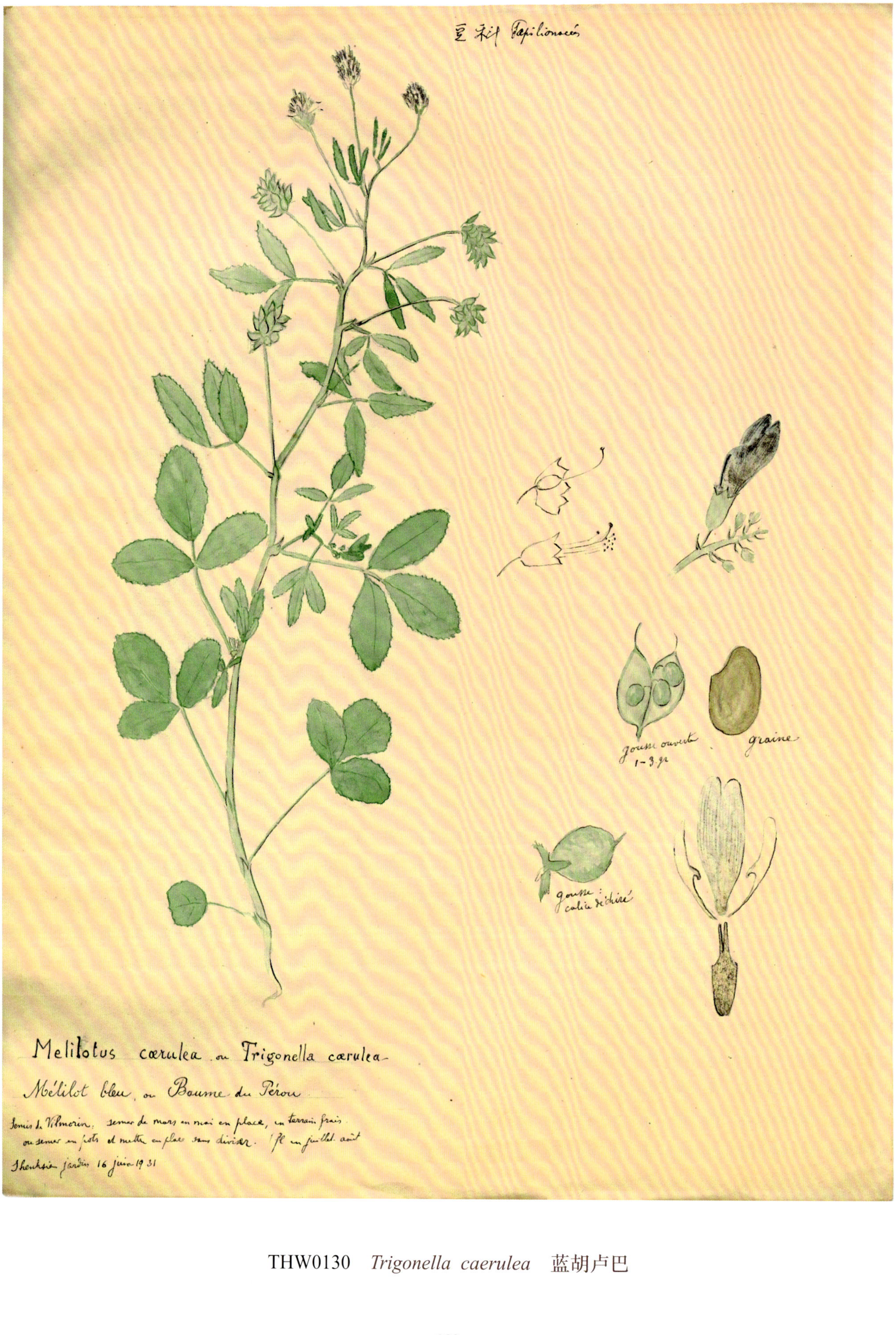
豆科 Papilionacées
graine
gousse : calice déchiré
Melilotus cærulea ou Trigonella cærulea
Mélilot bleu, ou Baume du Pérou
Semis de Vilmorin : semer de mars en mai en place, en terrain frais
ou semer en pots et mettre en place sans diviser. Fl en juillet-août
Shenhsien jardin 16 juin 1931

THW0130 *Trigonella caerulea* 蓝胡卢巴

豆科
Kraunhia floribunda (Taub.)
WISTARIA SINENSIS.
Glycine sinensis.
藤蘿 Tênglô
紫藤

THW0125 *Wisteria sinensis* 紫藤

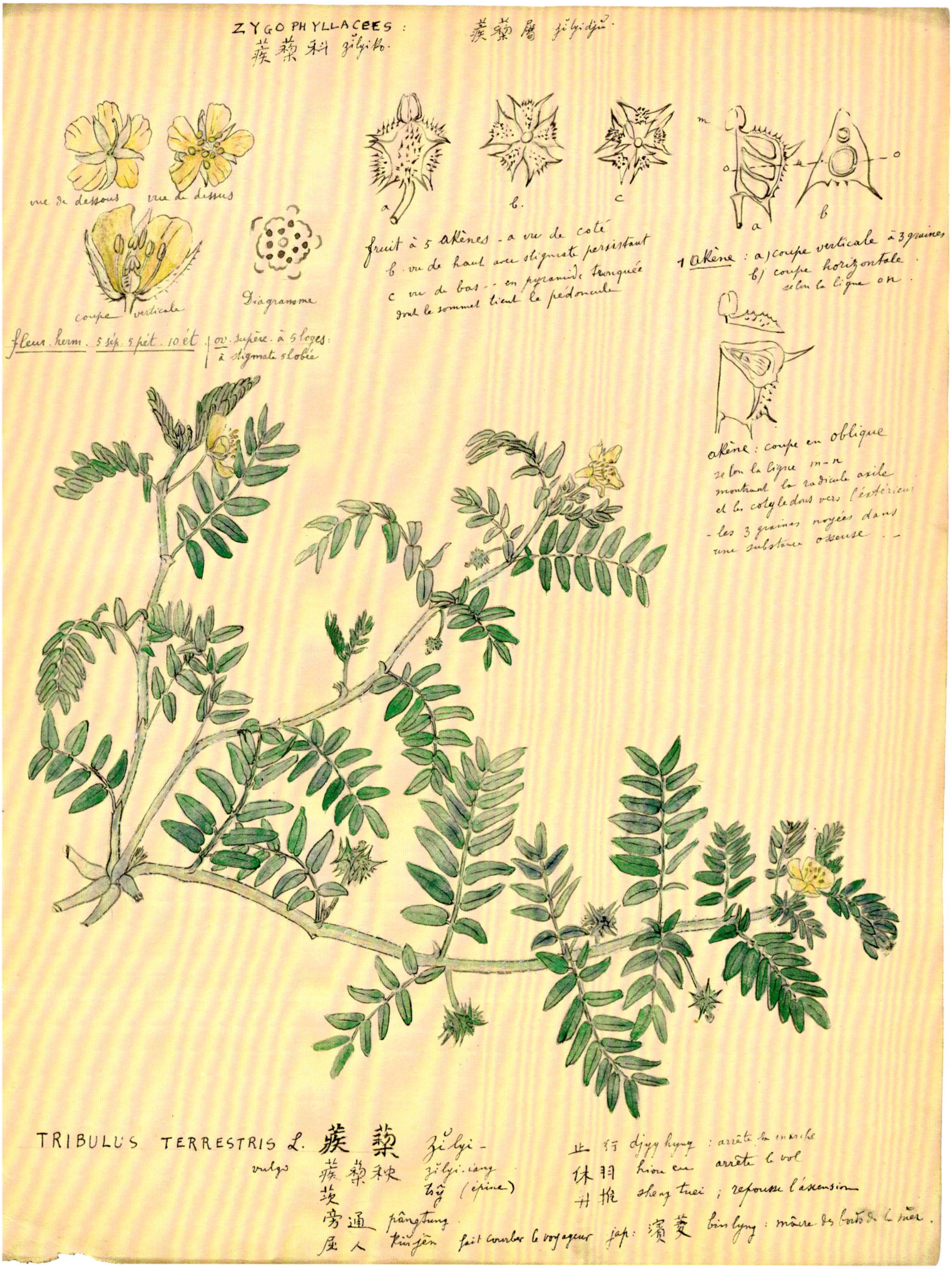
ZYGOPHYLLACEES :
蒺藜科 zilyiko.
蒺藜屬 zilyidjü
vue de dessous
vue de dessus
coupe verticale
Diagramme
fleur. herm. 5 sép. 5 pét. 10 ét
ov. supère à 5 loges
à stigmate 5 lobée
a
b.
c
fruit à 5 akènes - a vue de coté
b vue de haut avec stigmate persistant
c vue de bas - en pyramide tronquée
dont le sommet tient le pédoncule
m
o
a
b
1 akène : a) coupe verticale à 3 graines
b) coupe horizontale
selon la ligne on.
akène : coupe en oblique
selon la ligne m-n
montrant la radicule axile
et les cotyledons vers l'extérieur
- les 3 graines noyées dans
une substance osseuse. -
TRIBULUS TERRESTRIS L. 蒺藜 zilyi
vulgo 蒺藜秧 zilyi-iang
茨 tsy (épine)
旁通 pangtung
屈人 kiujen fait courber le voyageur
止行 djyy hyng : arrête la marche
休羽 hiou eu arrête le vol
升推 sheng tuei ; repousse l'ascension
jap: 濱菱 binlyng : mâcre des bords de la mer.

THW0114 *Tribulus terrestris* 蒺藜

15-16 étamines soudés par le filet
Citrus aurantium L 香橙 hiang chêng
「柚」 yoW
Oranger
fin juin à Tientsin 1931

THW0115 *Citrus aurantium* 香橙

THW0253 *Euphorbia helioscopia* 泽漆

Euphorbia humi fusa (Willd) 地錦草
Bout d'un rameau agrandi
Coupe de l'ovaire
Fleur à 5-6 étamine

THW0254 *Euphorbia humifusa* 地锦草

chaque pétale porte une écaille concave
entre chaque pétale une brosse de poils
21 juin 1931
Euphorbia variegata
蠏子草

THW0255　*Euphorbia variegata*　大戟属一种

Ricinus sanguineus 紅槍大麻 Hongtsiang-dahmâ
Red-spear
天麻 tian mâ 蓖麻
Sienhsien 25 sept. 1931 jardin de F. Kieffer

THW0256 *Ricinus communis* 蓖麻

Euvonymus japonicus
正木 djengmu
jap 柾

THW0118 *Euonymus japonicus* 冬青卫矛

桃葉衛矛 taŏ-ie weymoû
Evonymus europaeus L.
var. Hamiltoniana maxim.
10 juin 1931 Chenhsien. Nanyuen

THW0117 *Euonymus maackii* 白杜

graine
capsule ouverte
Evonymus lanceolatus (yatabe) 紫衛矛 zyy-wey-môu
Fusain

THW0116 *Euonymus* sp. 卫矛属一种

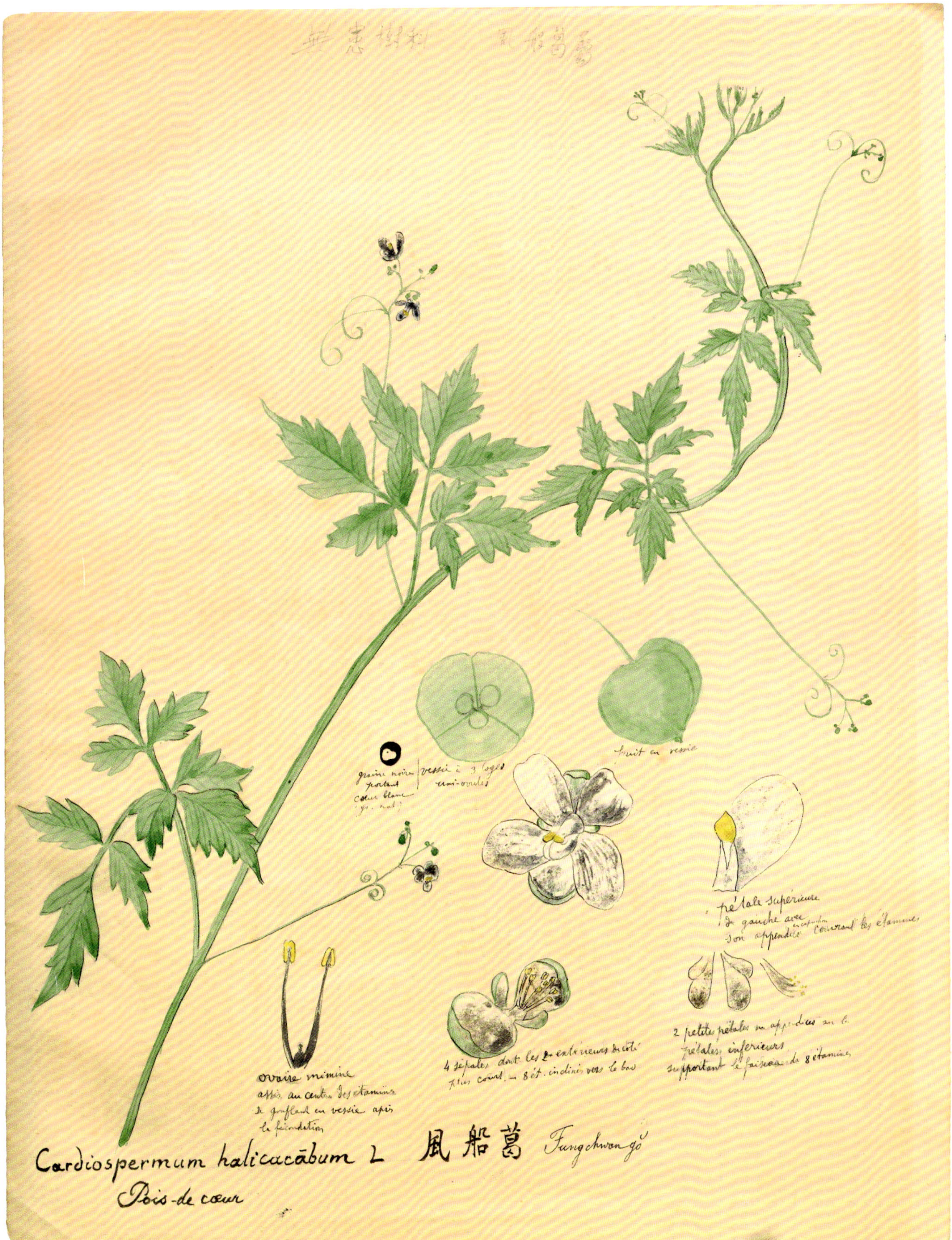

無患樹科 風船葛屬
graine noire portant cœur blanc (gr. nat.)
vessie à 3 loges uni-ovulées
fruit en vessie
pétale supérieure de gauche avec son appendice en capuchon couvrant les étamines
2 petites pétales ou appendices sur les pétales inférieurs supportant le faisceau de 8 étamines
ovaire minime assis au centre des étamines se gonflant en vessie après la fécondation
4 sépales dont les 2 extérieurs de côté plus court. — 8 ét. inclinés vers le bas
Cardiospermum halicacābum L 風船葛 Fungchwan gǒ
Pois-de cœur

THW0121 *Cardiospermum halicacabum* 倒地铃

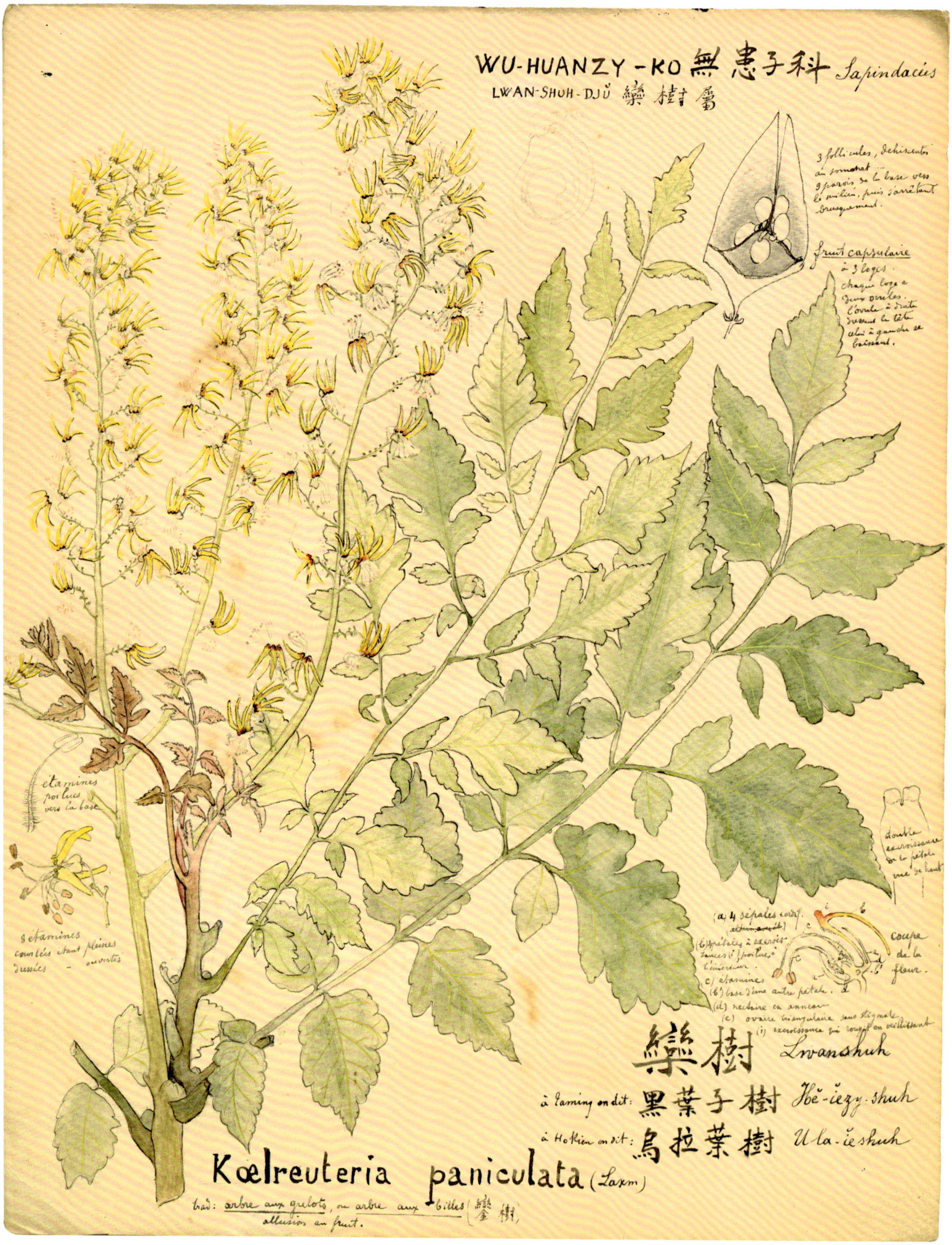
WU-HUANZY-KO 無患子科 Sapindacées
LWAN-SHUH-DJŬ 欒樹屬
欒樹 Lwanshuh
à Taming on dit: 黑葉子樹 Hē-iezy-shuh
à Hokien on dit: 烏拉葉樹 U-la-ieshuh
Kœlreuteria paniculata (Laxm)

THW0120 *Koelreuteria paniculata* 栾树

Zizyphus vulgaris (Lam)
var. inermis (Bge)
Jujubier
5 juin 1931
棗 zao

THW0119 *Ziziphus jujuba* var. *inermis* 枣

錦葵科 Ginkweiko (malvaces 草綿屬
Gossypium herbaceum
草綿 tsaomyan
古終 Gudung „coton"
棉花 myanhua „ wate"

THW0112 *Gossypium herbaceum* 草棉

Ginkweiko. 錦葵科 Malvacés. 草綿屬.
étamine
sac de pollen, unique
petal
Calice
Calicule
Stigmate
fruit
Capsulaire
GOSSYPIUM. HERBACEUM L.
草綿 Tsaomyanu
古終 Guudjung „coton"
棉花 Myanhua „wate"
草棉 tsaomyan
Coton d'Amérique
Upland à longue soie (long staple)
(graine de Vilmorin)

THW0113 *Gossypium herbaceum* 草棉

HIBISCUS COCCINEUS Walt ♃ 械葵 Tsiu kwei
mauve à feuille d'érable

THW0110 *Hibiscus coccineus* 红秋葵

THW0111 *Hibiscus syriacus* 木槿

Malva sylvestris L
var. Mauritiana (Boiss)
錦葵 ginkwei
莜 shoon
芘芣 bihfū

THW0109 *Malva cathayensis* 锦葵

étamines en épi
étamine vu de côté charnu
ét vu de bas
Begonia Bertini
Sept 1931 Shenhsien

THW0160 *Begonia bertinii* 秋海棠属一种

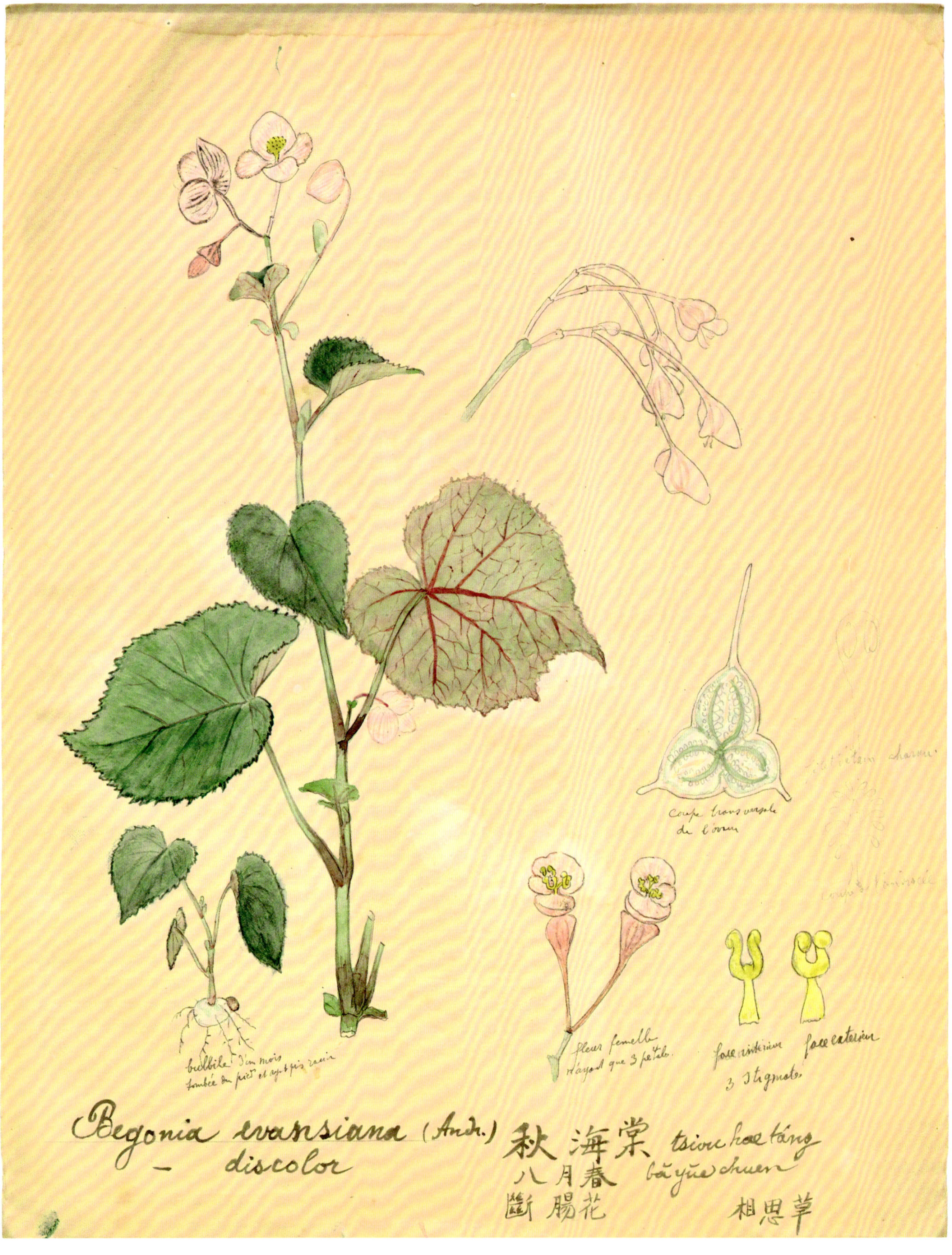
Coupe transversale de l'ovaire
fleur femelle n'ayant que 3 pétales
face intérieur
face extérieur
3 stigmates
Begonia evansiana (Andr.)
– discolor
秋海棠 tsiou hae táng
八月春 bā yüe chuen
斷腸花
相思草

THW0159 *Begonia grandis* 秋海棠

ombellifères
petite ombelle de fleurs vue de dos
grande ombelle vue de face
Fœniculum vulgare (Gaertn)
fenouil amer ou commun
蘹香 hwai hiang 八月珠
小茴香 hwei hiang 香絲菜

THW0161 *Foeniculum vulgare* 茴香

Statice japonica
匙葉草 shy-ie-tsao
蠏子花朵 hiay zy hua
白米飯棵

THW0201 *Limonium bicolor* 二色补血草

Plombaginées
pétale
PLUMBAGO CYANEA
Dentelaire à fleurs bleues (sept.-oct.)

THW0200 *Plumbago zeylanica* 白花丹

27 juin 1931
Sienhsien jardin
sujet de greffe du Lagerstroemia indica

THW0202 *Ligustrum obtusifolium* 水蜡树

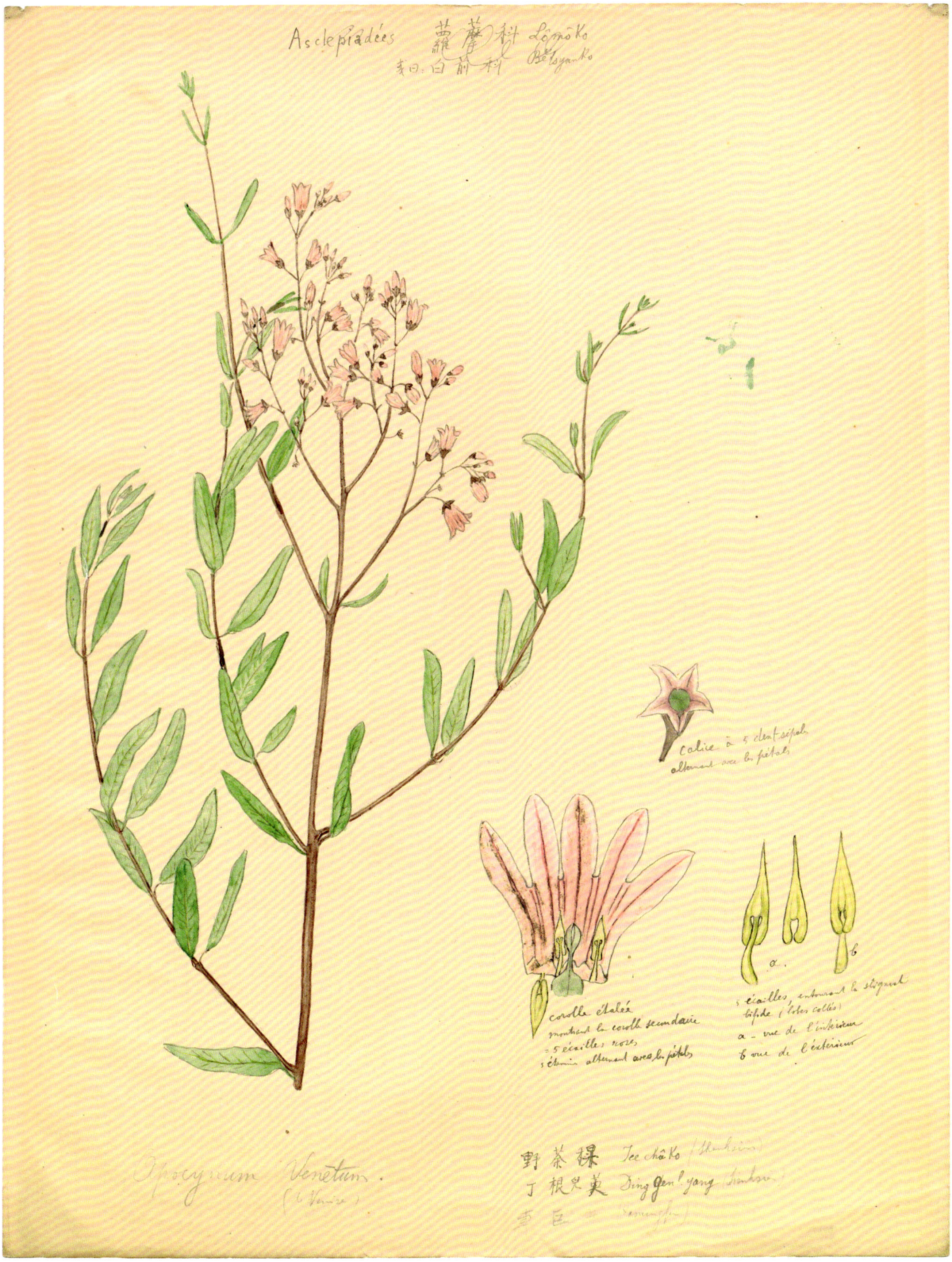
Asclepiadées
Apocynum Venetum
corolle étalée
a - vue de l'intérieur
b vue de l'extérieur

THW0203 *Apocynum venetum* 罗布麻

THW0204　*Asclepias* sp.　马利筋属一种

inflorescence
vue de l'extérieur
vue de l'intérieur
le gros stigmate au centre
seconde couronne
visible à l'oeil nu

THW0207 *Cynanchum* sp. 鹅绒藤属一种

Lô-môko 蘿藦科 Asclepiadées
Bŭtsyanko 白前科 (Vincetoxicum)
Hokien 呆瓜 day gua
Shenhsis 稍瓜兒 Shaogua'

THW0208 *Cynanchum thesioides* 地梢瓜

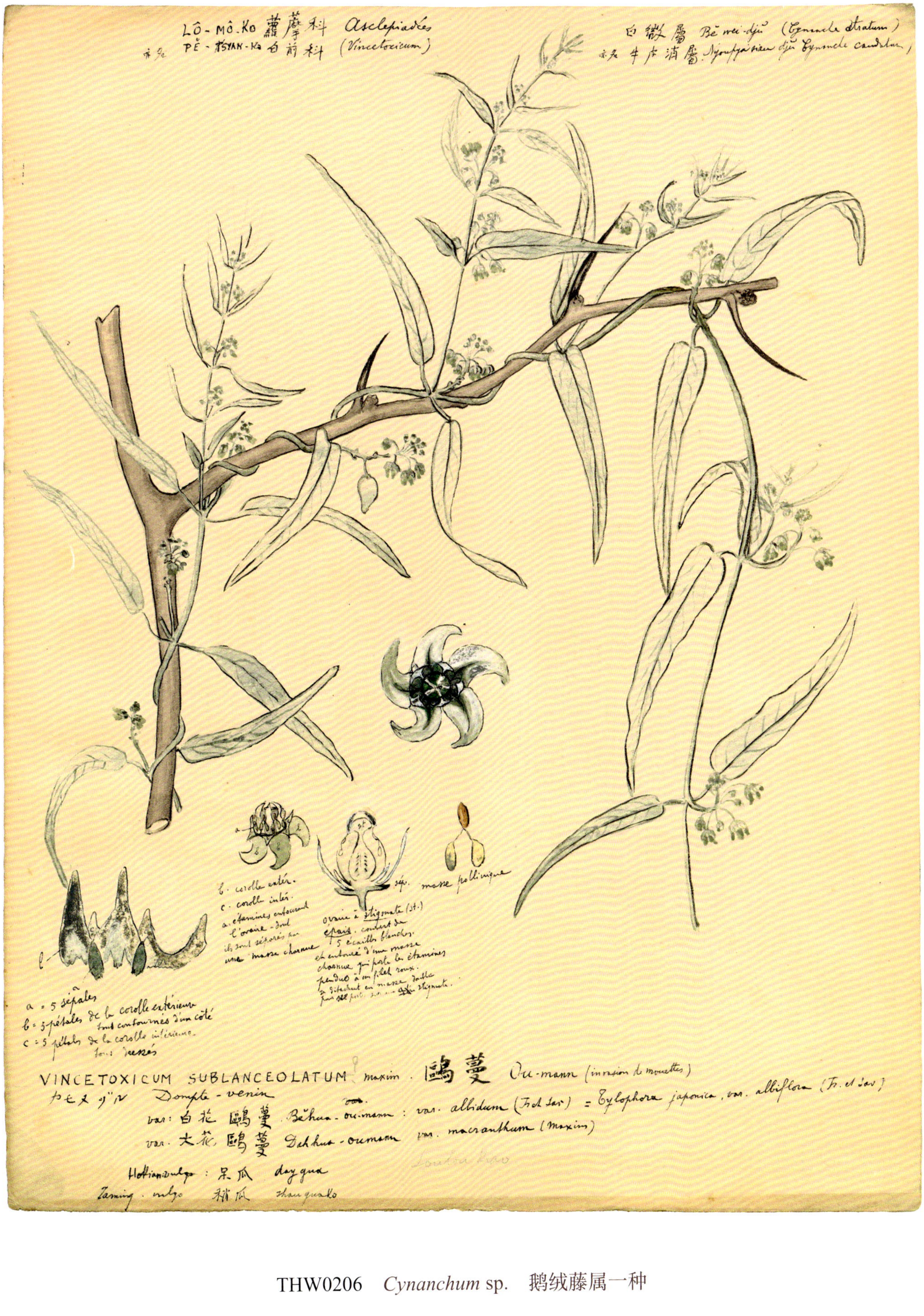

LÔ-MÔ-KO 蘿摩科 Asclepiadées
PĚ-TSYAN-KO 白前科 (Vincetoxicum)
a = 5 sépales
b = 5 pétales de la corolle extérieure tous contournés d'un côté
c = 5 pétales de la corolle intérieure
VINCETOXICUM SUBLANCEOLATUM maxim. 鷗蔓 Ou-mann (invasion de mouettes)
Dompte-venin
var: 白花 鷗蔓 Běhua-ou-mann : var. albidum
var. 大花 鷗蔓 Dahhua-oumann var. macranthum (Maxim)
呆瓜 day gua

THW0206 *Cynanchum* sp. 鹅绒藤属一种

THW0205 *Cynanchum* sp. 鹅绒藤属一种

旋花科 Syuanhua Ko (Convolvulacées)
coupe horiz.
Convolvulus arvense L

THW0214 *Convolvulus arvensis* 田旋花

旋花科 Suanhua ko (Convolvulacées)
calice à 5 sépales
glabres à l'intérieur
poilus à l'extérieur
ovaire hérissé de poils
stigmate bifide
é-tamine
sépale
Coupe de la fleur, sauf l'ovaire
a = anneau mellifère
CONVOLVULUS TRICOLOR
Belle de jour.

THW0215　*Convolvulus tricolor*　三色旋花

旋花科 Syuanhuako (Convolvulacées) 牽牛子屬
fruit
5 sépales
Quamoclit angulata (Boj) 圓葉蔦蘿
Vilm: 63960
(thienhsien) 串枝蓮
子房二室或四室

THW0216 *Ipomoea hederifolia* 心叶茑萝

SYUAN-HUA-KO 旋花科 Convolvulacées. 牽牛子屬
cinq étamines inégaux poilus à la base de soies blanches adhérents à la corolle
calice à 5 sépales
a. ovaire: triloculaire
b. anneau mellifère
c. étamine
d. corolle
e. sépales
coupe horiz. de la capsule à 3 loges
une graine blanche ou noire
黑白丑
PHARBITIS HEDERACEA. L.
牽牛子 Kian nyou-zyy
Belle de jour
牽道郎 Kian daw-lâng
黑丑白丑 hě choou, bě choou allusion à la forme de la graine (en mamelon) noire ou blanche.
朝顏 Djau-yan = (Belle de jour.)

THW0213 *Ipomoea nil* 牵牛

fam: 紫草科 zyytsaok. (Borraginées ou Lithospermées.
tribu 琉璃苣 獨 . Borrago
I b
a
Akène mûre (grossie)
(a) hile spongieux
(b) épiderme coriace
à aspérités sur lignes
en relief.
a
b.
filet et étam.
calice à 5 sépales
4 carpelles. 1 style
Cal. glabre à l'intérieur
scabreux à l'extérieur.
corolle étoilée a) position naturelle. b) forcément étalée
avec corolle secondaire superposée au pétales
Borago officinalis (L.) 琉璃苣 Lyoulyi-giuh
trad. Salade (Romaine) vitrée.
allusion aux poils rudes comme vitrifiés
Bourrache

THW0210 *Borago officinalis* 玻璃苣

Borraginées ou Lithospermées 紫草科 Zyytsaoko.

THW0211 Boraginaceae 紫草科一种

Borraginées ou Lithospermées 紫草科 Zyytsaoko
Coupe verticale de la fleur
pétals à émaux.
graine à cicatrice
profonde tournée vers
la stile
5 sépales
style permanents
(2 akènes enlevés)
corolle étalée
calice et ovaire

THW0212 Boraginaceae 紫草科一种

Lycopus europaus L var. parvifolius (Miq) 小地瓜兒苗

THW0231 *Lycopus europaeus* 欧地笋

THW0232 Lamiaceae 唇形科一种

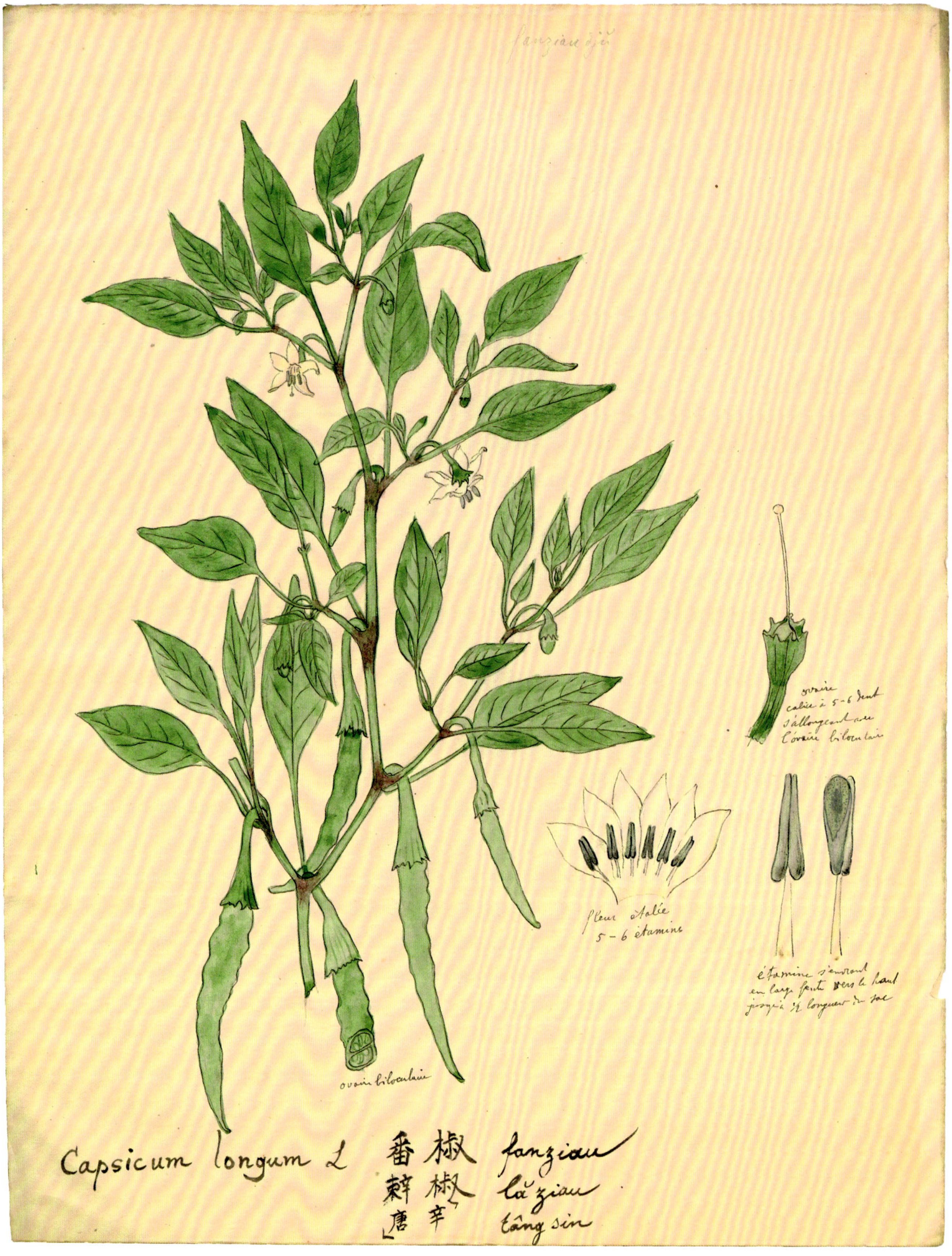
ovaire
calice à 5-6 dent
s'allongeant avec
l'ovaire biloculaire
fleur étalée
5-6 étamines
ovaire biloculaire
Capsicum longum L
番椒 fanziau
辢椒 lă ziau
唐辛 tâng sin

THW0227 *Capsicum annuum* 辣椒

Kie ko. 茄科 Solaneae 曼陀羅花屬
2 étamines
se transformant en pétale
DATURA FASTUOSA
Datura d'Egypte
養筋花
Yaang-gin hua

THW0220 *Datura fastuosa* 洋金花

茄科 Solanées 曼陀羅花屬
cinq étamines
DATURA ALBA. (Nees) 曼陀羅花
pomme épineuse
風茄兒
山茄子
山麻子
朝鮮朝顏

THW0221 *Datura metel* 洋金花

Kiĕ Ko 茄科 Solanées 曼陀羅花屬
DATURA STRAMONIUM 關東大麻

THW0219 *Datura stramonium* 曼陀罗

ovaire supère
stigmate vert
Calice à 5 dents
5-6 pétales
5-6 étamines alternant avec pétales, blancs
à base boursouflée glanduleuse
Lycium chinense (Mill)
枸杞 goou ki
枸檵。苦杞。却老 kiŏlao 深縣俗名：甜琉琉
枸忌。天精。
根皮曰：地骨皮 入藥

THW0226 *Lycium chinense* 枸杞

Petunia violacea Lindl. 撞羽朝颜
Djuoâng yeu chaŭ yen

THW0218　*Petunia violacea*　矮牵牛

Solonées 茄科
calice à 5 dents
se renflant en boule
après la fécondation
corolle en entonnoir
tachetée de brun
5 étamines libres
酸浆 suanziang
Physalis pubescens L.
Coqueret-fraise
à odeur de fraise
黄姑娘

THW0228 *Physalis pubescens* 短毛酸浆

vue de dessous
v. de dessus
coupe verticale
graine grossie un peu aplatie
coupe verticale
fruit amer
graines axillaires
9-12
étamine à pores
alternant avec les pétales
2 pétales à 2 taches
verdâtres à la base
coupe de la graine
selon la ligne ab. -
et en horizontale

THW0225 *Solanum* sp. 茄属一种

六月柿 骨
Coupe verticale et Coupe horizontale du fruit
Corolle et calice étalés
Lycopersicum esculentum mil
Solanum lycopersicum
var: Tomate Roi Humbert – Eclipse – Merveille d'Italie
angl: Chiswick red tomato
紅茄
hong kyie
六月柿 lu shyh
洋柿子 yang shyhzy

THW0222 *Solanum aethiopicum* 红茄

si la plante est bien soignée et taillée
on peut obtenir des fruits de la grandeur d'un oeuf
et des grappes de 10-12 fruits
plantée en pot, elle continue à porter en serre
fr: Tomate Roi Humbert. ou Eclipse ou Merveille d'Italie
angl: Chiswick red Tomato
ital. Pomodoro il re Humberto
hongrois, polonais : pomidor

THW0222 *Solanum aethiopicum* 红茄

Coupe transversal d'un sac de pollen
ovaire
Solanum melongena (L.)
茄
Aubergine angl. Eggplant

THW0217 *Solanum melongena* 茄

THW0217 *Solanum melongena* 茄

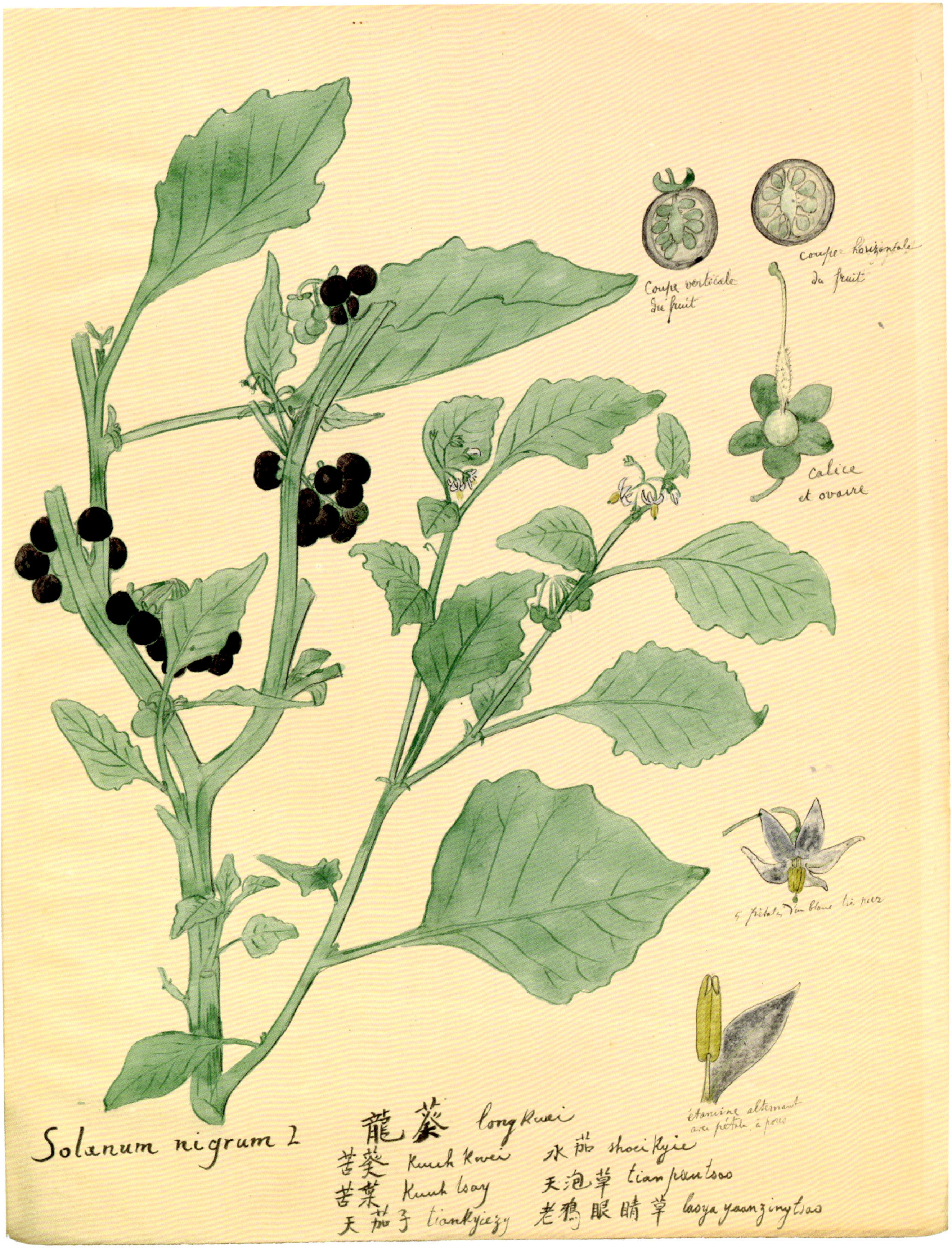
Coupe verticale du fruit
Coupe horizontale du fruit
Calice et ovaire
Solanum nigrum L
龍葵 long kwei
苦葵 kuuh kwei
水茄 shoei kyie
苦菜 kuuh tsay
天泡草 tian pau tsao
天茄子 tiankyiezy
老鴉眼睛草 laoya yaanzingtsao

THW0223 *Solanum nigrum* 龙葵

SOLANUM NIGRUM var
Sunberry . Wonderberry . Hucle berry
5 étamines à pores
5 sépales croissant avec le fruit

THW0224 *Solanum nigrum* 龙葵

feuille en revers
calice
racine
地黄根
corolle ouverte en haut
calice et ovaire
Rehmannia lutea (maxim)
地黄 Dih-kwang 牛奶子 nyou naeze
地髓 dih-suey 婆婆奶 pôpona
深县俗名：媽媽啾 maomaoziou 媽媽媥 maomaonae

THW0229 *Rehmannia glutinosa* 地黄

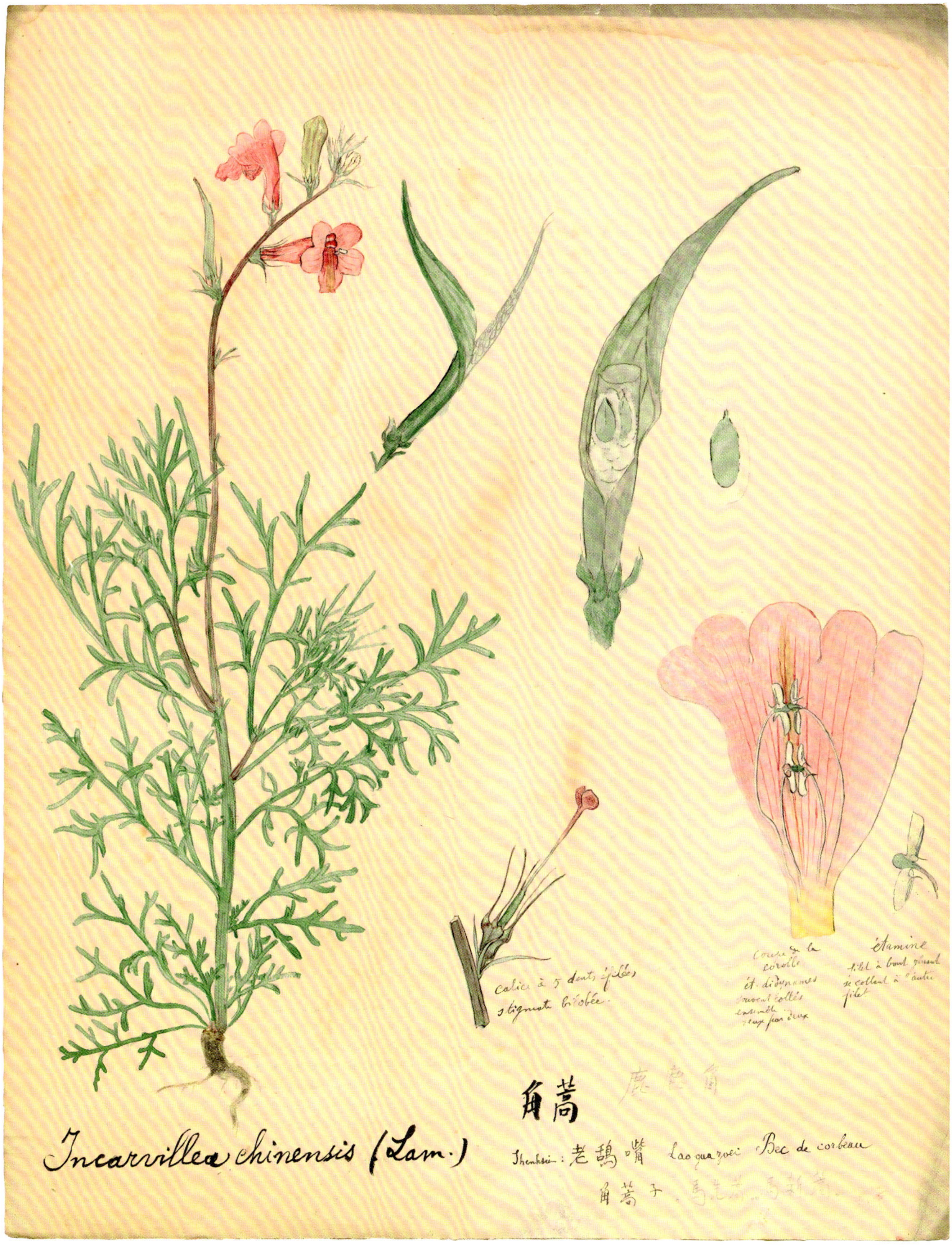
étamine
角蒿
老鸹嘴 Lao qua zoei Bec de corbeau
角蒿子
Incarvillea chinensis (Lam.)

THW0209 *Incarvillea sinensis* 角蒿

corolle étalée, fendue par le bas
calice
coupe horizontale
coupe verticale
Capsule
開枝四散
Sesamum indicum L
胡麻 hnrumâ
油麻 youmâ
脂麻 djymâ

THW0230 *Sesamum indicum* 芝麻

étamine
Benincasa cerifera
冬瓜 Dung gua
白冬瓜 bě-dung-gua
白瓜 bě-gua
水芝 shoei-djy
地芝 dih-djy

THW0153 *Benincasa hispida* 冬瓜

fleur mâle
fleur femelle
Cucumis
小香瓜 siao hiang gua
金鵝蛋 gin ngnô dann
姫瓜 gigua
蜜柑瓜 migan gua

THW0156 *Cucumis melo* var. *agrestis* 马泡瓜

THW0156 *Cucumis melo* var. *agrestis* 马泡瓜

Cucumis melo L
Cantaloup
甜瓜 tyangua
Coupe horizontale de l'ovaire
31 juillet 1931

THW0154 *Cucumis melo* 甜瓜

graine
Melon Cantaloup
Août 1931 à Shenhsien

THW0154 *Cucumis melo* 甜瓜

Cucurbita maxima. var
番南瓜 fan-nain-gua
盤瓜 看瓜
pain-gua (: courge en assiette)
香炉腿 hiang-lou-tuei (trépied d'encens)
鼻臍瓜 bi-tsyi-gua

THW0152 *Cucurbita maxima* 笋瓜

embryon
graine
Courge - Giraumon - Bonnet turc . Turban . Citrouille iroquoise
Courge de S. Jean
ang. Turk's cap. Turban pumpkin
all. Türkenbund. esp: calabaza bonetera

THW0152 *Cucurbita maxima* 笋瓜

Lagenaria vulgaris Ser
calebasse à pochon
匏
pâu
瓢壺盧

THW0155 *Lagenaria siceraria* 葫芦

THW0155 *Lagenaria siceraria* 葫芦

écaille à l'aisselle de l'épi
écaille du pétiole à oeil brillant vert un peu enfoncé
face interieure f. exter.
étamine
3 étamines bifides
5 sépales alternant avec pétales
au centre une fossette à miel couverte par les étamines
pétiole commun très long
pétiole de chaque fleur portant écaille vers le milieu.
Luffa acutangula
洋絲瓜
yang sy gua
Eponge végétale

THW0150 *Luffa acutangula* 广东丝瓜

THW0150 *Luffa acutangula* 广东丝瓜

HWU-LWU-KO 葫蘆科 Cucurbitacées 絲瓜屬
écaille à glandes mellifères pour
elle est persistante.
fleur mâle
à 5 sépales
5 pétales
5 étamines
de face
de dos
fleur femelle
à 5 sépales
5 pétales
LUFFA CYLINDRICA Roem.
ヘチマ。イトウリ
絲瓜
sy-gua (courge filementeuse)
天絲瓜
tian sygua courge filamenteuse céleste
天羅
tian lô
布瓜
buh-gua courge à toile
蠻瓜
main gua
魚鱗
Yu ly

THW0151 *Luffa aegyptiaca* 丝瓜

Trichosanthes japonica (Rge) 栝樓 guălôu
栝蔞 guălôu
天瓜 tianguă
澤姑 djĕgu
天花粉
果蠃
菰蔞 guălôu

THW0149 *Trichosanthes rosthornii* 中华栝楼

THW0149 *Trichosanthes rosthornii* 中华栝楼

菊科 Geu Kö. Composées
Aster
Shenhsien (Geoudjou): aux pieds des osiers
20 mai 1931

THW0162 *Aster* sp. 紫菀属一种

Composées 菊科
Bellis perennis L. var. flore pleno
en français: Pâquerette double. Petite marguerite des prés
angl. double daisy.
19 mars 1931
fleurs du rayon
a. vue de côté
b. vue de dos
fleurs du centre
a. corolle fermée.
b. fleur ouverte
延命菊

THW0167 *Bellis perennis* 雏菊

Chrysanthemum sinense 佛手指蓮 Fŭshoon djyy lyan
九月菊

THW0174 *Chrysanthemum morifolium* 菊

菊科
CHRYSANTHEMUM sinense 九月菊
金螃蟹
crabe d'or

THW0175 *Chrysanthemum morifolium* 菊

Chrysanthemum sinense Sab 菊
壽仙桃 Shou-siantâu
fin nov 1930

THW0176 *Chrysanthemum morifolium* 菊

Chrysanthemum sinense 栢榴大紅
2 nov 1931
九月菊
Grenade rouge
Shenhsien

THW0177 *Chrysanthemum morifolium* 菊

Chrysanthemum sinensis 墨菊 mĕgiŭ
九月菊
黑牡丹 hĕ mŭdan

THW0181 *Chrysanthemum morifolium* 菊

THW0182 *Chrysanthemum morifolium* 菊

Chrysanthemum sinense 漁公蓑 Yugung suo.
九月菊
cotte du pêcheur

THW0183 *Chrysanthemum morifolium* 菊

Chrysanthemum sinense 粉萼带
16 nov. 1931 Shenhsien 九月菊

THW0184 *Chrysanthemum morifolium* 菊

THW0185 *Chrysanthemum morifolium* 菊

CHRYSANTHEMUM sinense
九月菊
白玉針 Bëyüdjen
aiguille de jade (blanc)
28 nov 1930

THW0186 *Chrysanthemum morifolium* 菊

Chrysanthemum sinense
九月菊
fin nov 1930 Shenhsien
chevelure blanche

THW0187 *Chrysanthemum morifolium* 菊

a) au centre fleurs stériles
CHRYSANTHEMUM INDICUM 九月菊
nov 1930 Shenhsien

THW0188 *Chrysanthemum morifolium* 菊

CHRYSANTHEMUM sinense
九月菊
紫蠏伸熬
8 déc 1930
14

THW0189 *Chrysanthemum morifolium* 菊

Chrysanthemum sinense
紫燕舒翎
zyyiann shulyng
九月菊
hirondelle
tirant les ailes
4 nov 1931
Shenhsien

THW0190 *Chrysanthemum morifolium* 菊

CHRYSANTHEMUM sinense
fin nov. 1930 Shenhsien
九月菊
雲龍出水

THW0191 *Chrysanthemum morifolium* 菊

菊科
a
b
c
CHRYSANTHEMUM sinense 九月菊
小紫勾
petit crochet pourpre
1930

THW0192 *Chrysanthemum morifolium* 菊

Corolle hermaphrodite à 6 échancrures
évasées
pistil même hauteur que les étamines
Au centre existe un second involucre
de 90 fleurettes tubuleuses femelles
fleurettes juxtaposées sans écailles
feuilles un peu glauques, poudreuses, blanchâtre
Chrysanthemum sinense
九月菊
醉仙桃 Zuey sien tâu
fin nov 1930 Shenhsien

THW0193 *Chrysanthemum morifolium* 菊

菊科
écailles du centre
réduites à un fil très mince
presque nul
CHRYSANTHEMUM INDICUM
九月菊
白瑶台 Bě-yǒ-taî
Shenhsien le 23 nov. 1930
Boudoir blanc

THW0195 *Chrysanthemum morifolium* 菊

toutes les fleurettes se ressemblent
toutes portent une écaille
toutes sont femelles
aucune fleurette hermaphrodite
CHRYSANTHEMUM sinense
nov 1930
九月菊
粉瑶台
boudoir de fard rose

THW0196 *Chrysanthemum morifolium* 菊

CHRYSANTHEMUM
30 nov 1930 : Shenhsien
九月菊
黃瑤台
Hwang yao taî
Boudoir jaune

THW0197 *Chrysanthemum morifolium* 菊

Chrysanthemum sinense
金線蓮 ginsiannlyan
2 nov 1931
九月菊
Fil d'or

THW0198 *Chrysanthemum morifolium* 菊

THW0199 *Chrysanthemum morifolium* 菊

CHRYSANTHEMUM JAPONICUM. 九月菊
徐家紫 pourpres des Siu
大紫勾 grand crochet pourpre
Dah zyy gou

THW0180 *Chrysanthemum morifolium* 菊

菊科
réceptacle sans écailles
fl. centrales hermaphrodites
CHRYSANTHEMUM JAPONICUM 九月菊
Chrysanthème d'automne
le 22 nov. 1930
粉絲 Feensu
fard en filament

THW0194 *Chrysanthemum morifolium* 菊

THW0164 *Cirsium* sp. 蓟属一种

金雞菊屬
fleur du rayon
face inférieure
fleur du centre
tige florale
feuille de base
feuilles de base en rosace
Coreopsis tinctoria (Nutt)
波斯菊 poh sy giu
蛇目草 shye mu tsao
孔雀草 Koong tsiau tsao

THW0165 *Coreopsis tinctoria* 两色金鸡菊

菊科
大波斯菊 Dah pohsygiu
COSMOS BIPINNATUS (Cav)

THW0172 *Cosmos bipinnatus* 秋英

Composées 菊科
pistil
fleur du centre fertile
fleur du rayon stérile
Centaurea cyanea
矢車菊 shÿchegiŭ
Bleuet, bluet
20 jun 1931 Shenhsien

THW0163 *Cyanus segetum* 蓝花矢车菊

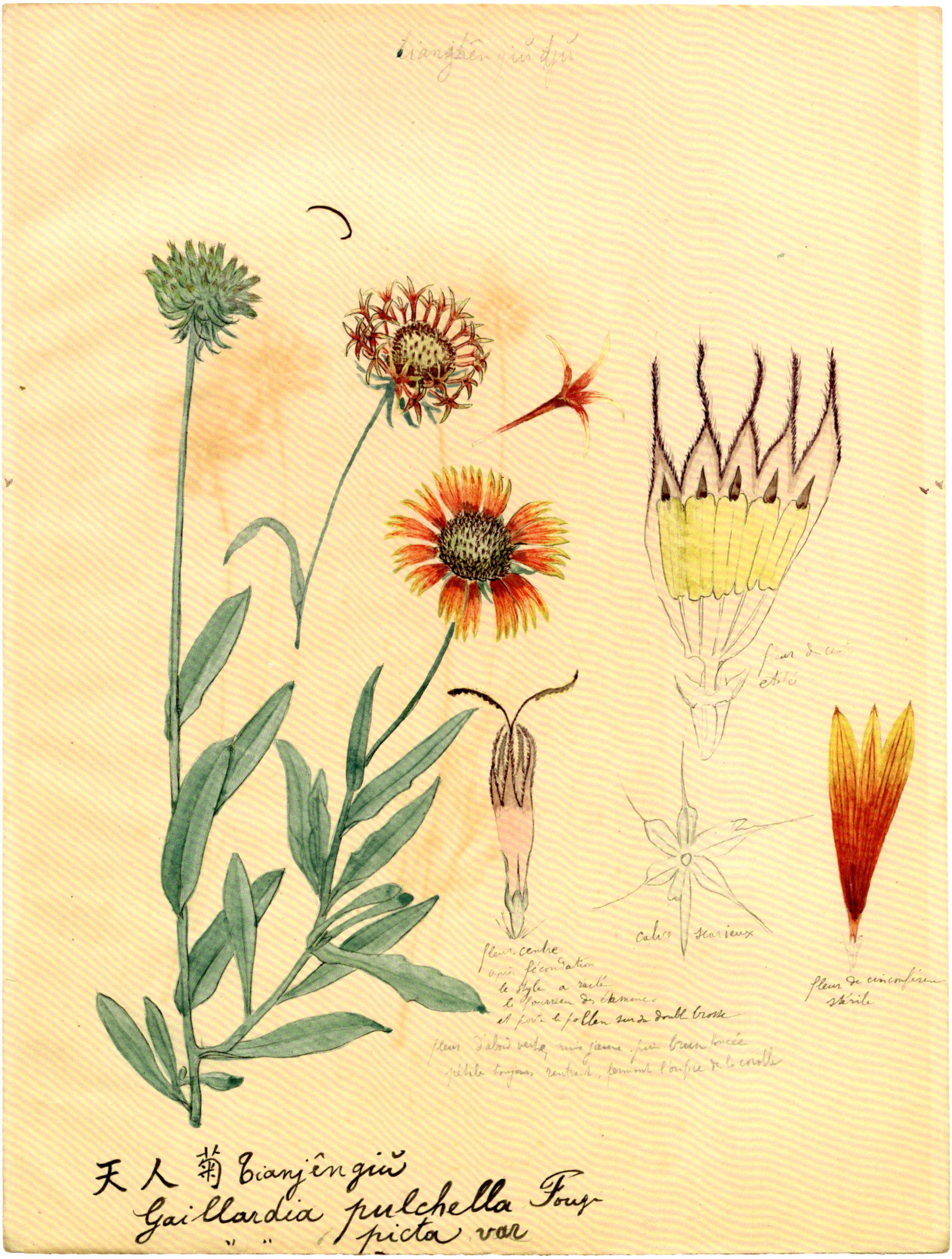
天人菊 Tianjêngiu
Gaillardia pulchella Foug
picta var
calice scarieux

THW0166 *Gaillardia pulchella* 天人菊

THW0171 *Helianthus debilis* subsp. *cucumerifolius* 瓜叶葵

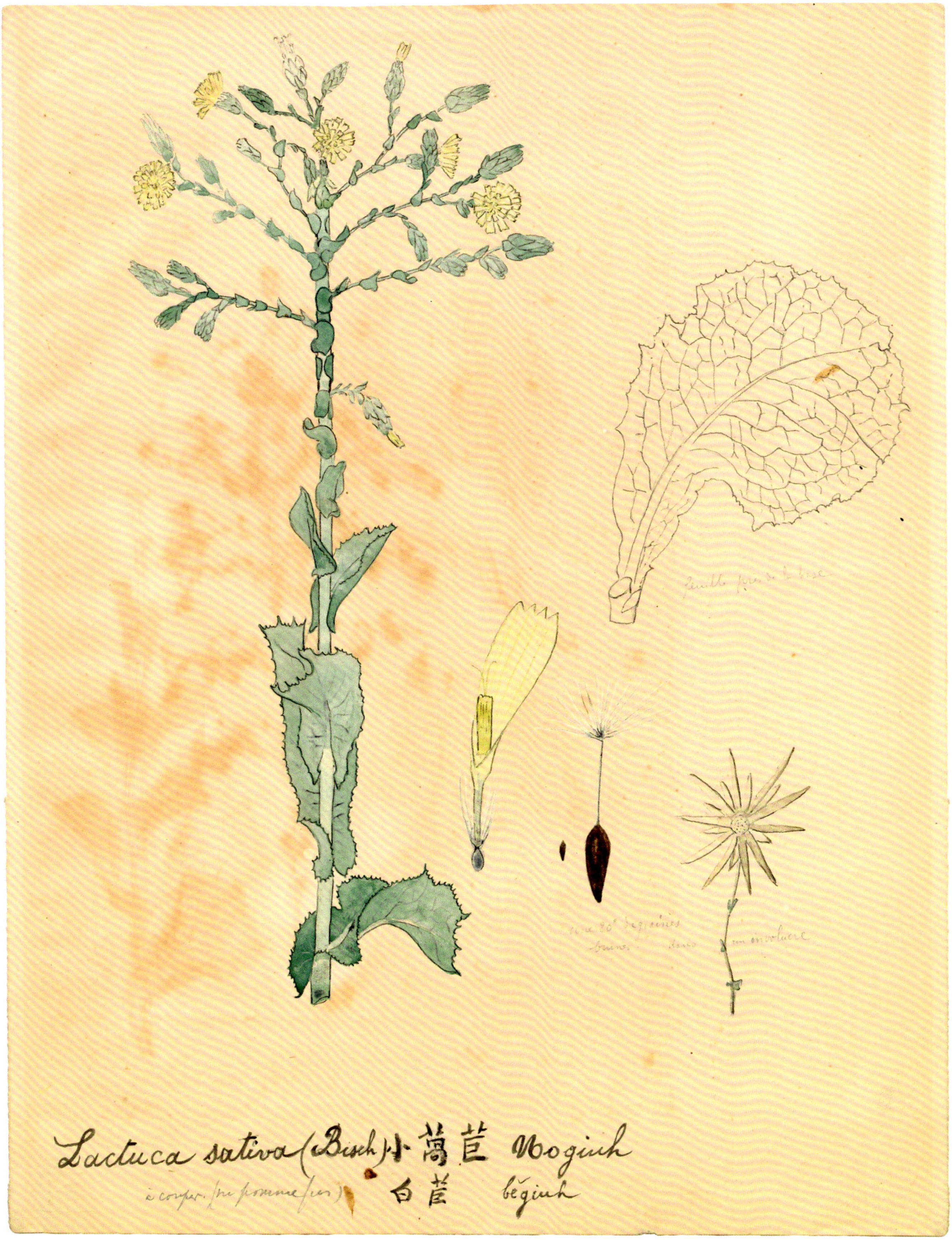

THW0169 *Lactuca sativa* 莴苣

THW0168 *Lactuca* sp. 莴苣属一种

Sommité après la maturité de la graine
plante laineuse, hygrométique
humide les capitules sont fermés englobés
desséchés: ils s'ouvrent en étoile. -
Récolte du P. Adrien Laurent
sur colline malgache 26 octobre 1930
Coupe du capitule
薄雪草
bŏsiuĕtsăo
葉在花序之下者，両面皆白色、亦有下面生白毛，
遠望如雪、故有此名
Leontopodium
GNAPHALIUM
de Madagascar

THW0170 *Leontopodium* sp. 火绒草属一种

Tagetes erecta L
萬壽菊 wannshougiu
臭芙蓉 chow fuuyong
千壽菊 tsianshou giu.

THW0173 *Tagetes erecta* 万寿菊

Typhacées 香蒲科 hiangpuko
蒯董 Dingtong
Typha angustifolia L
massette
水燭 shoei djü

THW0281 *Typha angustifolia* 水烛

Liliacées
百合科
feuilles verticillées
Aspāragus sarmentōsus
天門冬
15 mai 1930 深縣舊州
深縣俗名：灣兒松

THW0278 *Asparagus sarmentosus* 天门冬

Liliacées 百合科 天門冬屬 tribu des Asparaginées
Asparagus schoberioides (Maxim)
雉隱 Djĭh yin cachette de faisane
娘娘攀頭
長蟲乾糧 pain sec des serpents
fin mai 1931

THW0279 *Asparagus schoberioides* 龙须菜

Liliacées. 百合科
萱草属 (tribu des hemerocallis
Hemerocallis fulva L.
千葉萱草

THW0272 *Hemerocallis fulva* 萱草

玉簪 Yŭzen (yŭzan)
白萼 bĕngŏ
白鶴仙 bĕhŏsian
Hosta Sieboldiana (Engl)
Funckia cordata

THW0273 *Hosta sieboldiana* 粉叶玉簪

THW0274 *Hosta ventricosa* 紫萼

BE-HŌ-KO 百合科 Liliacées
coupe de la fleur
5 ét. - opposés aux pétales
a b. c
étamine a) vue de dos adhérente à la corolle -
b) vue de devant de l'intérieur de la corolle
c) coupe transversale
filet très court, applati
a
b
c
ovaire à trois loges
a) coupe verticale chaque loge à 7-8 graines.
b) coupe transversale
c) style unique (violacé) légèrement trilobé
Ognon à pulpille entre chaque écaille
membrane extérieure violacée
HYACINTHUS ORIENTALIS 風信子 Fungsinnzy
VAR. GRAND MAITRE 特名 太師 „Tay-shy."

THW0277 *Hyacinthus orientalis* 风信子

Liliacées. 百合科
Lilium regale
myriophyllum
帝皇 百合
Lys royal
originaire de Yunnan
16 juin 1931

THW0271 *Lilium myriophyllum* 多叶百合

百合科 (Bĕhŏ Ko) Liliacées: 山慈姑屬 (tribu Tulipacées)
Tulipa Gesneriana L
Duc Van Tholl.
鬱金香 yü-gin-hiang

THW0275 *Tulipa gesneriana* 郁金香

百合科 Bĕhŏko (Liliacées) 山慈姑屬 (Tulipacées)
Tulipa Gesneriana
鬱金香 Yügin hiang

THW0276 *Tulipa gesneriana* 郁金香

Amaryllidées
Amaryllis.
Clivia miniata
石蒜科

THW0266 *Hippeastrum* sp. 朱顶红属一种

Narcissus jonquilla
長壽花
châng shou hua
pimpernelle

THW0268 *Narcissus jonquilla* 丁香水仙

coupe horizontale de l'ovaire
corolle et corollette sans les étamines
découpés de la corolle
玉玲瓏
千葉水仙
TAZetta L
NARCISSUS POETICUS
var. chinensis (Roem)
var flore pleno
水仙花
天蔥
金盞銀台
雅蒜

THW0267 *Narcissus tazetta* var. *chinensis* 水仙

Zephyranthes carinata (Herb) 賽番紅花 Say fan hong hua
韮菜蘭 Geoutsay lyan
ovaire

THW0269 *Zephyranthes candida* 葱莲

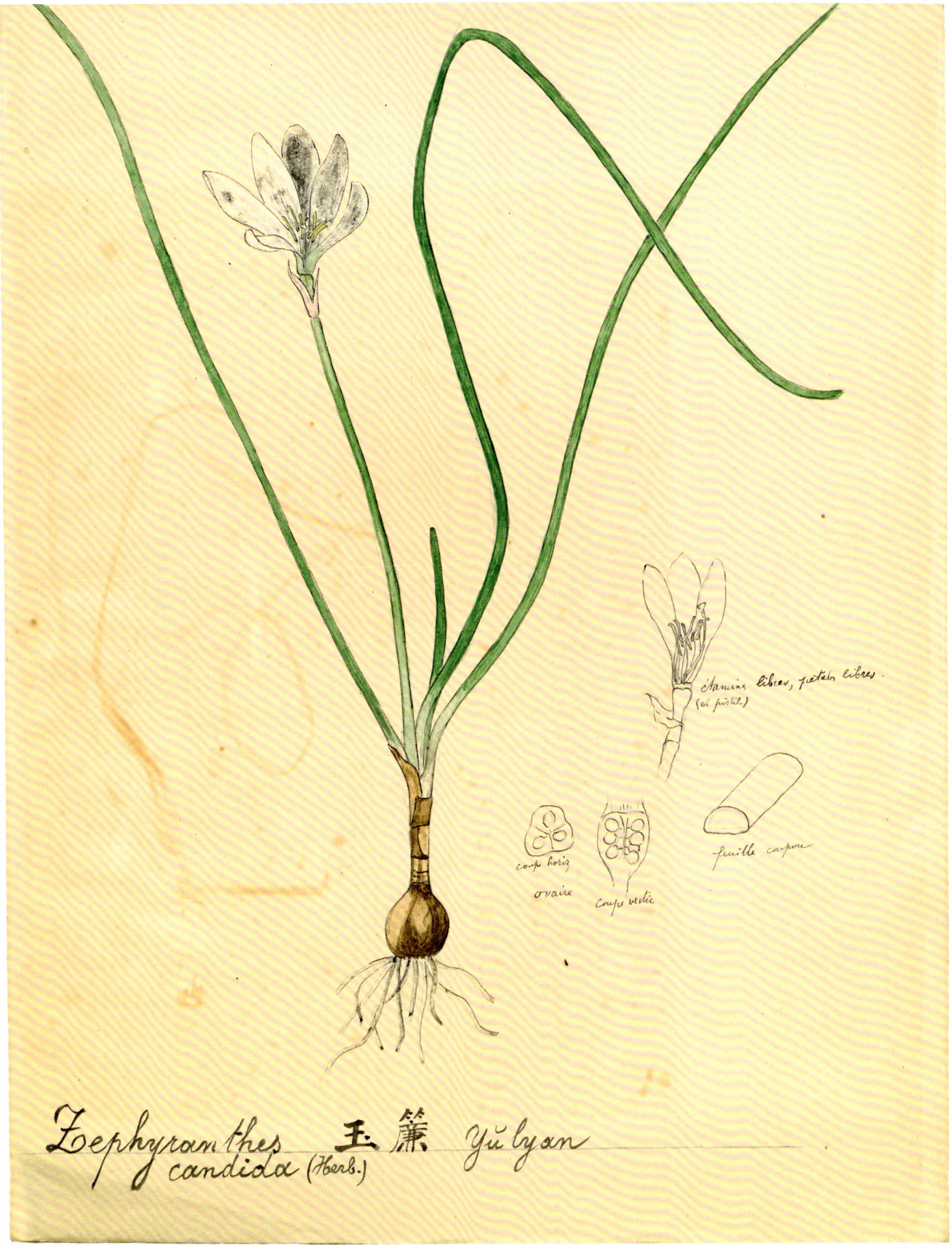
étamins libres, pétales libres
(et pistil)
coup horiz
ovaire
coupe vertic
feuille coupée
Zephyranthes candida (Herb.) 玉簾 Yŭlyan

THW0270 *Zephyranthes candida* 葱莲

Iridées. 鳶尾科 yuan-oei-ko (queue d'épervier)
tribu. 射干屬 shiehgandjü
ovaire à trois loges
ovules dressés
Belamcanda chinensis (Lem) 射干 Shieh-gan. (flèche décochée)
Morea sinensis 鳳翼 fung-i (aile de phénix)
日本名 檜扇 (éventail de thuia)
扁竹 (bambou aplati)

THW0265 *Belamcanda chinensis* 射干

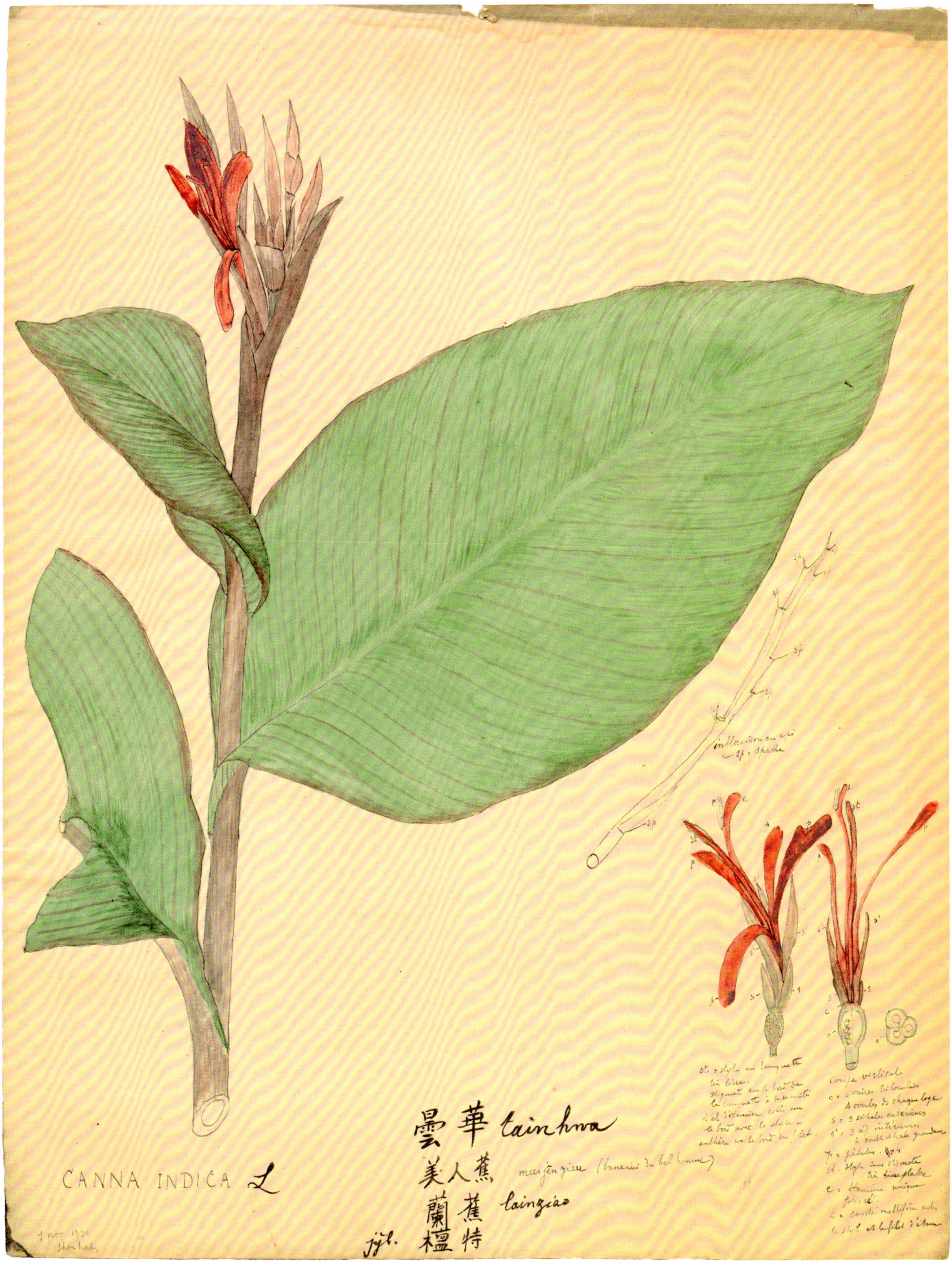

曇華 tainhwa
美人蕉
CANNA INDICA L

THW0262 *Canna indica* 美人蕉

Canna grandiflora
- patens (Rosc.)
和蘭曇華 Hôlain-tainhwa
jardin de Fr. Schmitt. 21 sept 1931

THW0263 *Canna indica* 美人蕉

étamine et pistil
collés sur le même pétale
étamine collé tout le long du filet
pistil collé seulement en bas
Canna grandiflora
- patens

THW0264 *Canna indica* 美人蕉

附录

部分植物拉丁名更新表

Alyssum maritimum = *Lobularia maritima*

Amaranthus paniculatus = *Amaranthus cruentus*

Begonia evansiana Begonia discolor = *Begonia grandis*

Benincasa cerifera = *Benincasa hispida*

Boussingaultia baselloides = *Anredera baselloides*

Brassica campestris var. *rapa* = *Brassica rapa*

Capsicum longum = *Capsicum annuum*

Centaurea cyanus = *Cyanus segetum*

Chrysanthemum sinense = *Chrysanthemum morifolium*

Datura alba = *Datura metel*

Helianthus cucumerifolius = *Helianthus debilis subsp. cucumerifolius*

Lagenaria vulgaris = *Lagenaria siceraria*

Luffa cylindrica = *Luffa aegyptiaca*

Lycopersicon aethiopicum = *Solanum aethiopicum*

Malva sylvestris var. *mauritiana* = *Malva cathayensis*

Malvaviscus coccineus = *Hibiscus coccineus*

Mesembryanthemum cordifolium = *Aptenia cordifolia*

Pharbitis hederacea = *Ipomoea nil*

Prunus persica = *Amygdalus persica*

Pyrus malus = *Malus pumila*

Pyrus spectabilis = *Malus spectabilis*

Quamoclit angulata = *Ipomoea hederifolia*

Ricinus sanguineus = *Ricinus communis*

Rosa bengalensis = *Rosa chinensis* var. *semperflorens*

Sophora viciifolia = *Sophora davidii*

Tetragonia expansa = *Tetragonia tetragonoides*

——资料来源：《中国植物志》和中国自然标本馆植物标本信息系统